中国化工教育协会电类教材编写委员会

编委会主任：徐寅伟

编委会副主任：（按拼音排序）李关华、李天燕、梁培源、庞广信、邱文棣、
谭爱平、谭胜富、张　洪、张　明、周志良

编委会委员：（按拼音排序）安　磊　毕燕萍　邓朝阳　邓治宇　范　俊
葛华江　韩志浩　黄　杰　李关华　李可成　李丽焕　李　莎
李顺顺　李天燕　李宗孔　梁培源　刘英奎　马　宁　莫　慧
庞广富　庞广信　覃丽萍　邱文棣　冉隆毅　冉勇宁　宋立国
谭爱平　谭俊新　谭胜富　王　冠　韦学艺　吴宝塔　吴伦华
吴清荣　谢阳玉　徐锦铭　徐　鹏　徐松柏　徐寅伟　张　洪
张　玲　张　明　张　祁　赵宇明　周志良　邹火军

中等职业教育教学示范规划教材

单片机应用技术

邱文棣　主　编
张　祁　副主编
吴宝塔　主　审

化学工业出版社
·北京·

本教材是根据职业学校电气运行与控制专业单片机技术应用课程教学的基本要求编写而成。在编写上,以职业岗位需求出发,采用任务驱动实例教学,践行做中学、做中教、学中用的理念,力求通过本教材的学习,使学生能够掌握MCS-51单片机的基本知识和编程方法,并具备初步开发应用单片机的基本技能。

全书共包括八个项目和两个附录,内容分别为制作跑马灯、交通灯控制、制作电子秒表、制作可调电子时钟、设计计算器、制作数字电压表、扩展并行接口、双机通信,两个附录分别为附录A Proteus设计与仿真平台的使用及附录B 单片机实验板电路介绍。

本书可作为中等职业学校电气运行与控制专业教材,还可作为电子技术应用、工业自动化专业、机电一体化专业等电类专业的理实一体化教材,也可作为相关专业技术人员的培训和自学用书。

图书在版编目(CIP)数据

单片机应用技术 / 邱文棣主编. —北京:化学工业出版社,2013.7(2024.8重印)
中等职业教育教学示范规划教材
ISBN 978-7-122-17638-7

Ⅰ.①单… Ⅱ.①邱… Ⅲ.①单片微型计算机-中等专业学校-教材 Ⅳ.①TP368.1

中国版本图书馆CIP数据核字(2013)第129472号

责任编辑:张建茹　　　　　　　　　　文字编辑:云　雷
责任校对:王素芹　　　　　　　　　　装帧设计:尹琳琳

出版发行:化学工业出版社(北京市东城区青年湖南街13号　邮政编码100011)
印　　装:北京虎彩文化传播有限公司
787mm×1092mm　1/16　印张13¼　字数329千字　2024年8月北京第1版第6次印刷

购书咨询:010-64518888　　　　　　　　售后服务:010-64518899
网　　址:http://www.cip.com.cn
凡购买本书,如有缺损质量问题,本社销售中心负责调换。

定　　价:38.00元　　　　　　　　　　　　　　　　　　　版权所有　违者必究

序

为实现中国梦，社会进步、经济发展面临良好发展机遇，职业教育服务国家战略，更快、更好地适应新要求，是时代赋予的责任和义务。

在教育部的指导下，2011年5月中国化工教育协会召开了全国校企合作推进教学改革会议，进一步认识到只有通过校企合作完善人才培养模式、深化课程教材改革，才能提高教学质量，为此中国化工教育协会中职电仪类专业教学指导委员会组织全国有关企业和学校进行新一轮的专业教材改革研讨，并在广泛调研、总结成功经验的基础上，重新组建了中国化工教育协会中职电类教材编委会，并由电类教材编委会组织调研，从校企合作的视角组织编写有特色、受欢迎的教材，符合现代职教理念、又适合不同类型、不同教学模式。本套教材在原有基础上体现新的思路和教材改革的深化，具有以下优点：

1. 教材的总体结构和内容选取经过了大量的企业调查研究，根据教育部颁布的专业目录中对电气技术应用、电气运行与控制专业核心课程的要求，结合调研中企业专家对电类专业职业能力培养的重点，兼顾普遍性和特殊性编写。由企业专家担任主审，在符合学生学习心理、提高教学有效性和企业的适应性方面具有鲜明的特色和探索成果。本套教材中等职业学校电类相关专业和职业培训都可使用，学校可整套选用也可单本选用。

2. 《电工与电子技术》采用模块式结构，分基本模块和提高模块两部分。基本模块为非电类或以初级维修电工为主体能力目标的学员选用，是电类专业的学习必备基础。提高模块适用以中级维修电工为目标的学员，具有起点低、突出基本概念和基本技能，形象生动、理论实践一体化学习的特点。

其余八本书为"项目引领、任务驱动"型的项目化教材，《电子技术与应用实践》为电子类专业使用，也可供电气类专业选用；《电工技术与应用实践》为电气类专业使用，也可供电子类专业选用；《电器设备及控制技术》、《单片机应用技术》、《可编程控制器应用技术》、《变配电运行与维护》、《变流与控制应用技术》、《机电一体化应用技术》为电气类专业以中级维修电工为技能目标的学员使用，以岗位职业活动为基础，具有目标明确、由简单到综合、先形象后抽象，符合学生的学习心理特点。

3. 为了使项目化教材有更广的适用范围，在项目设计时也予以考虑，每个任务编写内容由能力培养目标、使用材料与工具、任务实施与要求、考核标准与评价、知识要点、拓展提高、思考与练习组成，以适应当今理论实践一体化学习的要求，核心课程是多年来经验的积累，具有经典性和稳定性。教材的全部内容是项目化教学教材，如不用"知识要点"和"拓展提高"部分即可作为实验指导书。"项目"内容由难度不同的"任务"分别加以设计，为提高学员的积极性和学习潜力、进行分类指导提供了条件。

各学校在选用本套教材后可发挥各自的优势和特色，使教学内容和形式不断丰富和完善。

限于编者水平，教材中不足之处在所难免，敬请各位读者批评指正。

化工教指委中职电类教材编委会
2013年5月28日

前 言

本书是在 2011 年 7 月全国化工中等职业教育指导委员会电仪类专业委员会会议上制定的《电气运行与控制》专业新的教学标准后组织编写的新一轮电类规划教材之一。

本书具有以下几个方面的特点。

1. 项目引领，任务驱动

本书根据中职学校人才培养目标，结合目前中等职业学校教学特点，以"做中学，学中做，学做一体，边做边学"为原则编写。在编写过程中，采用项目式教学法，具有目标明确、项目引领、由简单到综合、先形象后抽象、通俗易懂、操作性强等特点，充分激发学生的学习兴趣，使学生愿学、易学，进而实现学会的目标，本书非常适合中高职学校相关专业作为教材使用，同时也很适合各类工科学生和工程专业技术人员自学使用。

2. 从职业岗位需求出发，采用 C51 语言编程

传统的单片机教学采用汇编语言进行控制程序设计，程序不易理解，需要记忆的知识太多。对于中高职学生，很难掌握其编程方法，更难进行灵活的应用。本书从职业岗位需求出发，采用更易于阅读、理解的 C51 语言进行程序设计，更符合职业发展的要求，更贴近实际生产岗位的需要。

3. 项目设计具有针对性、系统性和扩展性，从简单到复杂，循序渐进

全书共安排了 8 个项目，共 15 个任务。针对每个项目具体能力要素的培养目标，精心选择了教学任务。这些教学项目从简单到复杂，循序渐进。每个任务既相对独立，又与前后任务之间保持密切的联系，具有系统性和扩展性，即后一个任务是在前一个任务的基础之上进行功能扩展或提升而实现的，使教学内容的安排由点到线，由线到面，体现技能训练的综合性和系统性。

4. 编写形式直观生动、可读性强

在叙述方式上，引入了与实践相关的图和表，结合电路原理图给出了元器件清单。在附录中增加了实物电路板的原理图和功能描述以及仿真软件 PROTEUS 的应用详解，一步步引导学生自己动手完成设计，操作性强。单片机原理性的内容以实用、够用为目标，简约通俗。在每个任务结束后还安排了实战提高和巩固复习等内容，便于读者加深对单片机的理解。

5. 易于入门，适用性强

学习单片机若没有实验环境的支持是不成的，本书很好地解决了这一问题——采用 PROTEUS-IIS 仿真为主进行程序的调试运行，让每个想学单片机应用的人只要有一台电脑就可以在短时间内学到 MCS-51 单片机的基本知识和基本编程、开发技能，同时也解决了因实验设备不同而带来的通用性问题，与此同时每个任务还提供真实的实验所需的元器件清单，让有兴趣的同学能在万年板上搭出实验电路再调试运行，附录中还提供了实现各任务所需的实验电路板。

本书除可作为中等职业学校电气运行与控制专业教学用书外，还可作为电子技术应用、工业自动化专业、机电一体化专业等电类专业的理实一体化教材，也可作为相关专业技术人员的培训和自学用书。

本书由邱文棣担任主编，并编写项目 1、项目 2 以及项目 6～项目 8，张祁担任副主编并

编写项目 3、项目 4 及附录 A 和附录 B。赵宇明编写项目 5 和项目 6。全书由邱文棣统稿，由吴宝塔任主审。

本书配有电子课件，可免费提供给采用本书作为教材的院校老师使用，可登录化学工业出版社教学资源网（www.cipedu.com.cn）免费下载。

在本书编写过程中，征询了多个学校有关老师的意见，参考了大量相关专家编写的书籍和文献资料，在此向各位专家和老师表示衷心的感谢。

由于时间紧迫和编者水平有限，书中不妥之处在所难免，欢迎广大读者不吝批评指正。

编者
2013 年 6 月

目 录

项目 1 制作跑马灯 ································ 1
 任务 1.1 开关控制指示灯 ···················· 1
  思考与练习 ································ 17
   【巩固复习】 ···························· 17
   【考核与评价】 ·························· 18
 任务 1.2 让灯闪起来 ························ 18
  思考与练习 ································ 30
   【实战提高】 ···························· 30
   【巩固复习】 ···························· 31
   【考核与评价】 ·························· 32
 任务 1.3 制作跑马灯 ························ 32
  思考与练习 ································ 43
   【实战提高】 ···························· 43
   【巩固复习】 ···························· 44
   【考核与评价】 ·························· 45

项目 2 交通灯控制 ································ 46
 任务 2.1 简易交通灯控制 ···················· 46
  思考与练习 ································ 60
   【实战提高】 ···························· 60
   【巩固复习】 ···························· 61
   【考核与评价】 ·························· 62
 任务 2.2 交通灯综合控制 ···················· 62
  思考与练习 ································ 71
   【实战提高】 ···························· 71
   【巩固复习】 ···························· 72
   【考核与评价】 ·························· 73

项目 3 制作电子秒表 ······························ 74
 任务 3.1 在数码管上显示"123456" ············ 74
  思考与练习 ································ 84
   【实战提高】 ···························· 84
   【巩固复习】 ···························· 84
   【考核与评价】 ·························· 85
 任务 3.2 秒脉冲的产生 ······················ 85
  思考与练习 ································ 92
   【实战提高】 ···························· 92

   【巩固复习】 ···························· 92
   【考核与评价】 ·························· 93
 任务 3.3 制作电子秒表 ······················ 93
  思考与练习 ································ 101
   【实战提高】 ···························· 101
   【巩固复习】 ···························· 101
   【考核与评价】 ·························· 102

项目 4 制作可调电子时钟 ·························· 103
 任务 4.1 字符型液晶 1602 显示"WELCOME
     TO China" ·························· 103
  思考与练习 ································ 111
   【实战提高】 ···························· 111
   【巩固复习】 ···························· 111
   【考核与评价】 ·························· 112
 任务 4.2 制作可调电子时钟 ·················· 112
  思考与练习 ································ 122
   【实战提高】 ···························· 122
   【巩固复习】 ···························· 122
   【考核与评价】 ·························· 123

项目 5 设计计算器 ································ 124
 任务 5.1 二进制→十进制转换器 ·············· 124
  思考与练习 ································ 131
   【实战提高】 ···························· 131
   【巩固复习】 ···························· 131
   【考核与评价】 ·························· 132
 任务 5.2 设计四则运算计算器 ················ 132
  思考与练习 ································ 141
   【实战提高】 ···························· 141
   【巩固复习】 ···························· 141
   【考核与评价】 ·························· 142

项目 6 制作数字电压表 ···························· 143
 任务 6.1 制作数字电压表 ···················· 143
  思考与练习 ································ 157
   【实战提高】 ···························· 157
   【巩固复习】 ···························· 157

【考核与评价】························ 158
项目 7　扩展并行接口······················ 159
　　任务 7.1　扩展并行 I/O 接口·········· 159
　　思考与练习···························· 170
　　　【实战提高】························ 170
　　　【巩固复习】························ 170
　　　【考核与评价】························ 171
项目 8　双机通信·························· 172

　　任务 8.1　双机通信···················· 172
　　思考与练习···························· 187
　　　【实战提高】························ 187
　　　【巩固复习】························ 187
　　　【考核与评价】························ 188
附录 A　Proteus 设计与仿真平台的使用········ 189
附录 B　单片机实验板电路介绍················ 199
参考文献······································ 206

项目 1 制作跑马灯

 项目情境创设

提起单片机，大家可能会觉得既神秘又深奥，但实际日常生活中都已离不开它——如手机、电脑键盘及全自动洗衣机等设备的控制部分就是由单片机实现的，下面就从最简单的例子入手——制作跑马灯。

任务 1.1 开关控制指示灯

任务描述

按下开关指示灯亮，开关断开指示灯灭。

能力培养目标

① 能在 Medwin 中创建源程序文件并生成 HEX 目标文件。
② 会使用 protues 运行程序。
③ 能领会项目开发过程。
④ 能理解 MCS-51 单片机的基本资源。
⑤ 能识别 C51 的引脚和端口特性。

学习组织形式

采取以小组为单位互助学习，可每人或两人合用一台电脑。用仿真实现所需的功能后如果有实物板（或自制硬件电路）可把程序下载到实物上再运行、调试，学习过程鼓励小组成员积极参与讨论。

任务实施过程

（1）创建硬件电路

实现此任务的电路原理如图 1-1，系统对应的元器件清单如表 1-1 所示。
电路说明如下。
① 51 单片机一般采用+5V 电源供电。

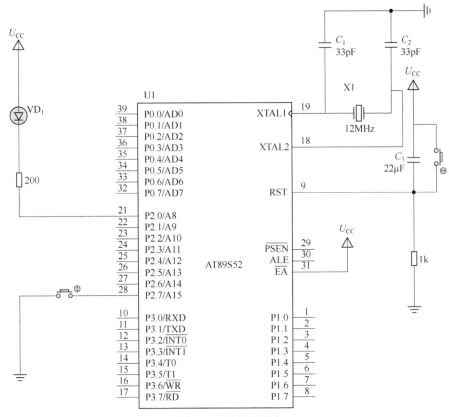

图 1-1 电路原理图

表 1-1 闪烁灯控制系统元器件清单

元器件名称	参 数	数 量	元器件名称	参 数	数 量
单片机	89C51	1	电阻	1kΩ	1
IC 插座	DIP40	1	电阻	200Ω	1
晶体振荡器	12MHz	1	瓷片电容	33pF	2
弹性按键		2	电解电容	22μF	1
发光二极管		1			

② 51 单片机 RST 引脚用于接收复位信号，上电时 RST 端保持几十微秒的高电平就能使 51 内部各部件处于初始状态（复位）。

③ 51 单片机 XTAL1 与 XTAL2 用于引入外部振荡脉冲。对于单片机而言它就如同人的心脏起搏器，没有这一振荡信号单片机就不能工作。时钟电路中的电容一般取 30pF 左右，晶体的振荡频率范围是 1.2~24MHz，通常情况下 MCS-51 单片机使用的振荡频率为 6MHz 或 12MHz，在串口通信系统中则常用 11.0592MHz。

具备了以上三个基本条件单片机就可以工作了，因此也把这一系统称为最小应用系统。

电路中发光二极管阴极接 P2.0，工作时通过 P2.7 引脚读取开关状态信号，再由此状态信号决定 P2.0 引脚的输出以控制指示灯的亮或灭，P2.0 输出"0"灯亮、输出"1"灯灭。

（2）程序编写

① 编写的程序如下。

行号	程序
01	/* proj1.c */
02	#include <REG52.H>
03	sbit SW=P2^7;
04	sbit LED=P2^0;
05	bit temp;　　　　　　　//定义位变量
06	main()　　　　　//主函数
07	{
08	while(1)
09	{
10	temp=SW;　　//读取开关信号
11	LED=temp;　　//控制指示灯
12	}
13	}

② 程序说明。

- 01 行：为注释行——说明程序名为"Text1.c"，方便阅读，与程序运行无关。

 温馨提示

　　C语言中有两种注释，一种是以"/*"开头，以"*/"结束，括在这两者之间的全部是注释，既可以写在一行，也可以写在多行；另一种是以"//"开头为单行注释，其后的内容为注释，直到本行结束。如上面程序中的 01、05、06、10、11 行。

- 02 行：文件包含命令，属于"宏定义"命令，#include 为关键字，"REG52.H"称为头文件，在 C51 中必须包含此头文件（可以用"REG51.H"头文件代替），因为这一文件中包含对单片机 I/O 口和特殊功能寄存器的一些定义。
- 03、04 行：sbit 为特殊功能"位"标识符定义，用于同端口引脚相联系，"SW"和"LED"是用户自定义的名称，定义后就可以在程序中分别用于代替 P2 口的 P2.7 脚和 P2.0 脚（程序中必须写成"P2^7"、"P2^0"），分号";"是 C 语言语句结束符。使用标识符的目的是要增强程序的可读性。

 温馨提示

　　宏定义命令无须加";"结束。

- 05 行：bit 为普通位变量定义，指明其后的变量为位变量，temp 为变量名。

 温馨提示

　　变量名、标识符命名规则：以字母或下划线开头的字符数字串，最好要能做到见名识义，长度一般不超过 32 个，不能使用系统关键词或保留字，标识符区分大小写。

● 06～13 行：定义 main()函数，main 为主函数名，每个函数后面都必须加一对圆括号，而其后花括号里面的语句则是函数的"内容"。

● 08～12 行：为 while 循环，while 后圆括号中放入循环条件，当条件成立时就执行其后花括号内的循环体程序，条件不成立时就退出 while 循环。而循环条件"1"代表条件恒为真，其循环体内的程序将被一直执行，这样的循环也称为死循环。

10 行、11 行中的等号"="在 C 语言中表示赋值，其含义是把右边表达式的值赋给左边的标识符（变量）。事实上这两行也是整个程序最关键的地方，它是循环体的主体，由于条件恒为"真"，程序会反复读取 SW 状态的值（开关闭合时引脚接地为低电平，其值为"0"，相关的开关断开时其值为"1"）并赋给 LED，每当 SW 改变 LED 就会跟着改变，从而实现了开关 SW 对指示灯 LED 的控制。事实上这两条语句可以合并成一条语句：LED=SW；

当循环体只有一条语句时不用花括号；赋值号不同于数学上的等号，其两边互换不成立。

（3）创建程序文件并生成.HEX 文件

Keil C51 软件是众多单片机应用开发的优秀软件之一，它集编辑、编译、仿真于一体，支持汇编、PLM 语言和 C 语言的程序设计。但因其为英文界面，对中职学生来讲不易上手，而 Medwin 为中文界面，易学易用，又以 Keil C51 为内核，因此下面就以 Medwin 来介绍程序的创建及编译。

① 启动 Medwin，之后将出现如图 1-2 所示的编辑界面。

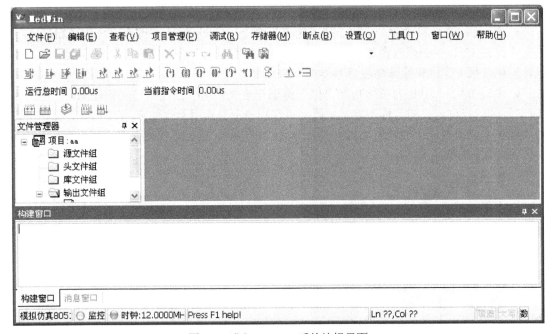

图 1-2　进入 Medwin 后的编辑界面

② 建立一个新项目
- 单击"项目管理"菜单，在弹出的下拉菜单中选中"新建项目（N）…"选项，如图 1-3 所示。

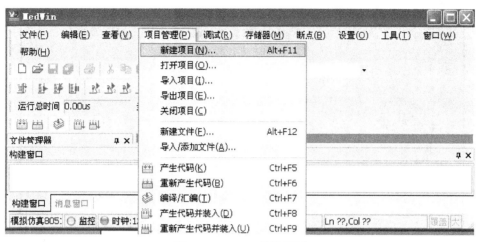

图 1-3　Medwin 编辑界面

- 进入新建项目第 1 步：选择设备驱动程序名，在此选择"80C51Simulator Driver"如图 1-4 所示，然后点击下一步。

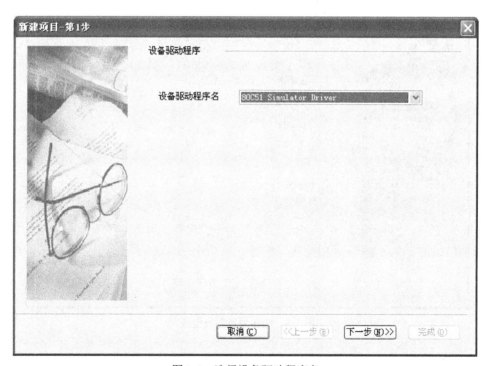

图 1-4　选择设备驱动程序名

- 进入新建项目第 2 步：为项目选择编译器，按图 1-5 所示选择后点击下一步。
- 进入新建项目第 3 步：如图 1-6 所示，选择项目存放位置，输入项目名称。对新建项目后续的步骤可暂时忽略，在此输入新建项目名称（如 Proj1）后即可点击"完成"。

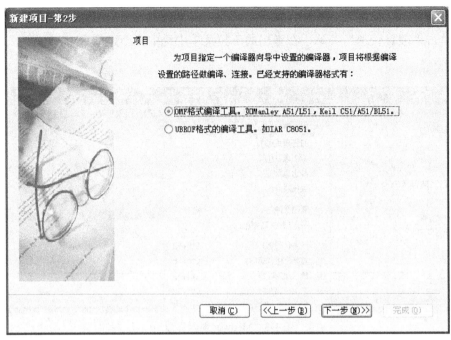

图 1-5 选择编译器

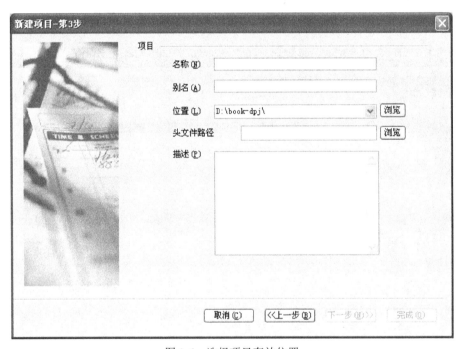

图 1-6 选择项目存放位置

 温馨提示

在创建项目文件之前,最好先建一个用于存放工程文件及源程序等文件的文件夹,以便用于存放本工程的相关文件。

- 完成上一步骤后，屏幕如图1-7所示，至此新项目已建好，接下来就要在项目中创建源程序文件，再进行编译和调试。

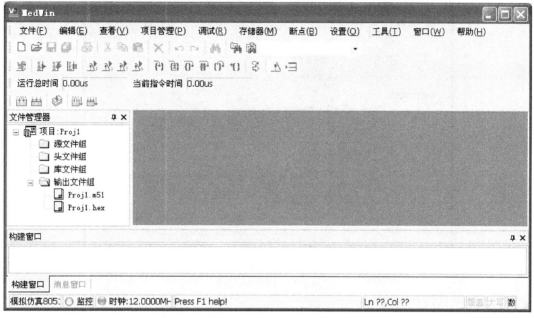

图1-7 新建项目界面

③ 在项目中新建源程序文件

- 新建文件：在图1-7中，鼠标指向窗口左边文件管理器→项目→源文件组，再右击后将出现如图1-8所示的快捷菜单，选择新建文件。

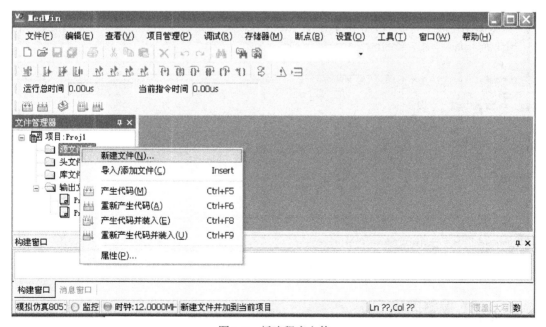

图1-8 新建程序文件

- 之后将出现新建文件向导第1步，在此选择文件类型为"C语言程序"、并输入文件名，如图1-9所示。对新建文件后续的步骤可暂时忽略，本界面选择好后即可点击"完成"。

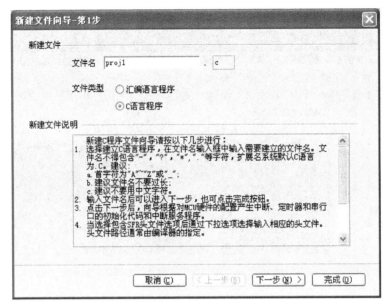

图1-9 选择文件类型

此时光标在编辑窗口里闪烁，并自动生成三条宏命令，如图1-10所示。这时可以键入用户编写的程序了。

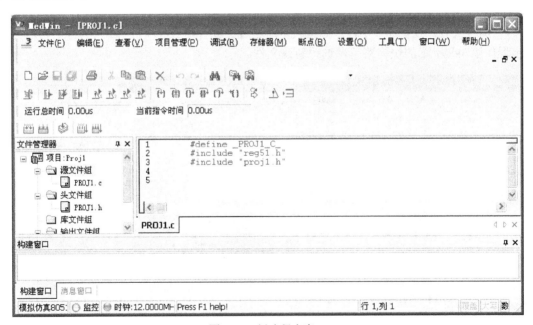

图1-10 新建程序窗口

 温馨提示

所创建的文件将自动存放在本项目文件夹之下。也可把已建好的程序文件添加到项目中——方法是：在图1-8界面中的快捷菜单中选择"导入/添加文件"。

④ 输入程序并编译生成.HEX 目标文件
- 输入源程序：在图 1-10 中输入前面所编写的源程序，结果如图 1-11 所示。

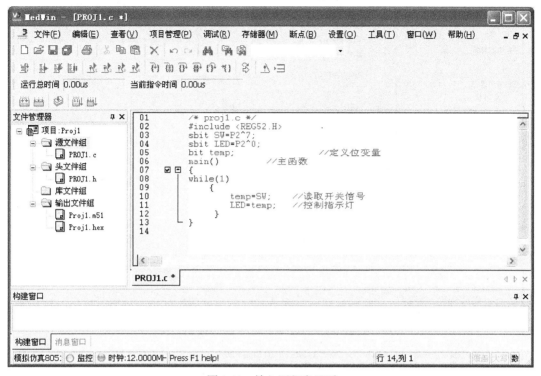

图 1-11 输入源程序界面

Medwin 具有自动识别关键字、自动添加右括号以及输入过程的自动感知及提示功能，并以不同的颜色提示用户加以注意，同时还会自动进行格式调整，这样能使操作者少犯错误，有利于提高编程效率。

- 编译。在图 1-11 的主菜单中单击"项目管理"→"产生代码（快捷键 Ctrl+F5）"（或者选择"重新产生代码"、或"产生代码并装入"、或"重新产生代码并装入"，或用工具栏上相应的按钮），如图 1-12 所示，即可对源程序进行编译。

如果仅仅是为了编译后生成 HEX 文件就用"产生代码"或者选择"重新产生代码"，但如果还要在 Medwin 环境中仿真运行则必须选择"产生代码并装入"或"重新产生代码并装入"。

编译过程是自动进行的，编译过程中会在信息窗口出现一些提示信息，如图 1-13 所示。若编译不成功将显示相应的错误信息及警告信息，如果显示"0 Error(s)，0 Warning(s)"则说明编译成功。

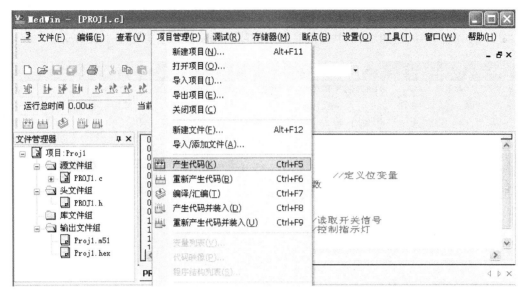

图 1-12 输入源程序界面

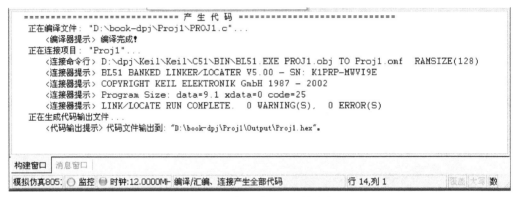

图 1-13 编译过程提示的信息

 温馨提示

编译过程将会对语法进行检查，如果存在语法上的错误，编译器将提示相应的错误信息。但编译器并不能检查出程序中的所有错误，尤其是程序逻辑方面的错误它无能为力，这就需要编程人员通过调试及仿真进行查错并修改。

在 Medwin 中编译成功后的目标文件将自动存放到项目文件夹下的 Output 子目录中。

（4）调试运行

如果有实物板可把程序下载到实物上再运行、调试。也可以根据图 1-1 与表 1-1 提供的原理图与器件清单在万能板上搭出电路后再把已编译所生成的 HEX 文件下载到单片机中然后再调试运行。

但即使有实物电路用 Proteus ISIS 仿真运行也是一种前期调试的不错选择。下面就主要说明在 Proteus ISIS 仿真运行的方法。

Proteus ISIS 仿真具有直观且能仿真很复杂的电路。其使用过程是先绘制出电路原理图，再将编译生成的 HEX 目标文件添加到单片机属性中，就可以运行了。

温馨提示

对初学者可先不画电路原理图（有关原理图的绘制及 ISIS 软件的其他操作详见附录），可以由老师提供（或在提供的素材库中下载）。

① 启动 ISIS，从主菜单中选择"文件"→"打开设计"，选择电路图设计文件所在的路径，把已绘制的电路文件（本例为 proj1.DSN）调入 ISIS 中，如图 1-14 所示。

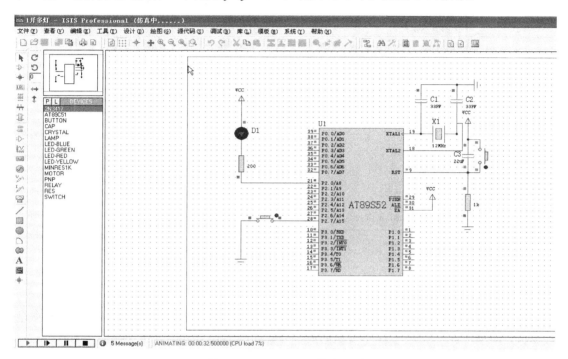

图 1-14　Proteus ISIS 仿真界面

② 添加程序到单片机属性中。

用鼠标右键单击电路图中的单片机，在快捷菜单中选择第二项"Edit properties"，打开单片机 IC 的属性对话框，如图 1-15 所示，为单片机选择所要仿真的 HEX 类型的程序文件——proj1.hex，同时输入合适的单片机时钟频率——在此选择 12MHz，单击"确定"按钮。

③ 仿真运行。

单击仿真控制工具栏 上的启动按钮 来启动仿真，启动后可以单击开关使之闭合或断开，以观察指示灯的工作情况。如果电路和程序正确就应该可以看到开关并控制 LED 指示灯了。

温馨提示

用 Proteus 仿真运行通过后，有条件的话可以使用实物电路，用仿真器或把 HEX 程序文件烧写到单片机芯片上再运行。

① 使用仿真器：使用仿真器更接近实际情况，前提是要有实物电路、仿真头和与之

配套的仿真软件。

② 烧写芯片：程序经过仿真调试后，最终必须把编译生成的.HEX 目标文件烧写到单片机的 ROM 中，再把单片机安装到电路上进行测试。而芯片的烧写都需要有专用的设备，这些设备也都会配有相应的软件和操作说明书。

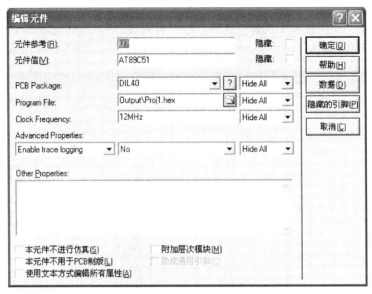

图 1-15　单片机 IC 的属性

1.1.1　单片机基础

1.1.1.1　什么是单片机

在一片集成电路芯片上集成微处理器、存储器、I/O 接口电路，从而构成的单芯片微型计算机，即单片机，常见的 51 单片机的典型外观如图 1-16 所示。

图 1-16　STC89C51 实物图

问与答

问：既然单片机就是一种微型计算机，那是否买来就能使用呢？

答：单片机是一种微型计算机，但它只是具备了控制、运算与存储的基础。单片机的本质是通过执行相应的程序而实现对 I/O 的控制，所以光有单片机而没有给它相应的程序它是无法工作的。而且要能正常工作，还必须要有相应外围电路的支持，如图 1-1 就是单片机的最小应用系统。

单片机应用系统：给单片机配上一定的外围电路，并根据不同的应用编写相应程序并把程序写入单片机的程序存储器中才能真正发挥单片机的应有功能，这样才能构成一个单片机应用系统。

1.1.1.2 单片机主要特点及用途

（1）单片机的主要特点

单片机的主要特点是体积小、价格低、易于产品化、可控性强和可靠性高。

猜一猜：一片普通的单片机大约是多少钱？在生活中有单片机应用的影子吗？

（2）单片机的用途

单片机已广泛应用于智能仪表、智能传感器、智能机电产品、智能家用电器、汽车及军事电子设备等应用系统，可以说已深入到社会的各个领域。下面是典型的部分应用。

① 智能仪器仪表：如各种智能电气测量仪表、智能传感器等。

② 机电一体化产品：如机器人、数控机床、自动包装机、点钞机、绘图仪、医疗设备、打印机、传真机、复印机等。

③ 实时工业控制：如电机转速控制、温度控制、自动生产线等。

④ 家用电器：如电视机、空调器、电冰箱、洗衣机、电饭煲、高档洗浴设备、高档玩具等。

⑤ 交通领域：如车载通信、GPS 导航、自助售票机、智能交通灯等。

⑥ 国防航天领域：如导航、智能武器、雷达、航天测控系统、黑匣子等。

1.1.2 MCS-51 单片机

单片机属于专用计算机，其种类繁多，尤其以 MCS-51 为内核的系列单片机是应用方面的主流产品，图 1-17 为 80C51 主要产品资源配置。

系列	片内存储器(字节)				定时器计数器	并行 I/O	串行 I/O	中断源
	片内ROM			片内 RAM				
	无	有ROM	有EPROM					
Intel MCS-51 子系列	8031 80C31	8051 80C51 (4K字节)	8751 87C51 (4K字节)	128 字节	2×16	4×8位	1	5
Intel MCS-52 子系列	8032 80C32	8052 80C52 (8K字节)	8752 87C52 (8K字节)	256 字节	3×16	4×8位	1	6
ATEML 89C系列 (常用型)		1051(1K)/2051(2K)/4051(4K) (20条引脚DIP封装)		128	2	15	1	5
		89C51(4K)/89C52(8K) (40条引脚DIP封装)		128/256	2/3	32	1	5/6

图 1-17 80C51 主要产品资源配置

目前 51 系列产品中典型的有 AT89C51、AT89C52、AT89S51、AT89S52 等。

1.1.2.1 MCS-51 内部基本结构及资源

（1）MCS-51 内部基本结构（图 1-18）

（2）基本资源

① 中央处理器（CPU）：由运算和控制逻辑组成，同时还包括中断系统和部分外部特殊功能寄存器。

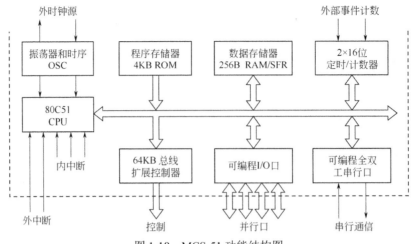

图 1-18 MCS-51 功能结构图

② 内部数据存储器 RAM：用以存放可以读写的数据，如运算的中间结果、最终结果以及欲显示的数据；8051 内部共有 256 个 RAM 单元，其中的高 128 个单元被专用寄存器占用，低 128 个单元才能供用户使用。

通常所说的内部数据存储器是指低 128 个单元。

③ 内部程序存储器 ROM：用以存放程序、一些原始数据和表格，通常情况下只能读不能改写，8051 内部共有 4KBROM。

为节省紧缺的 RAM 空间，对程序中固定的数据及表格宜存放在程序存储器中。

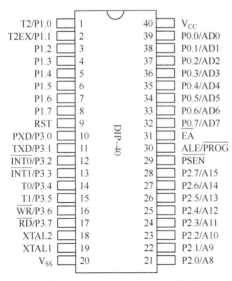

图 1-19 51 系列 DIP-40 封装图

④ 并行 I/O 口：四个 8 位并行 I/O 口，称为 P0、P1、P2、P3 口，既可用作输入，也可用作输出。

⑤ 定时/计数器（T/C）：两个定时/计数器，既可以工作在定时模式，也可以工作在计数模式。

⑥ 中断系统：五个中断源的中断控制系统。

⑦ 串行口：一个全双工 UART（通用异步接收发送器）的串行 I/O 口，用于实现单片机之间或单片机与微机之间的串行通信。

⑧ 时钟电路：MCS-51 内部有时钟电路，只需外接石英晶体和微调电容即可。

1.1.2.2 MCS-51 单片机外部引脚

基于 8051 内核的单片机，若引脚数相同，或是封装相同，它们的引脚是相同的，其中用得较多的是 DIP-40 封装的 51 单片机（也有 20、28、32、44 等不同引脚数的 51 单片机）如图 1-19 所示。对着它表面会看到一个凹进去的小坑，其对应左上角的引脚即为第 1 个引脚，然后逆时针方向数下去即为对应引脚的序号 2、3、4、…、40。

40 个引脚一般按其功能可分为以下三类。

（1）电源和时钟引脚

如 Vcc、GND、XTAL1、XTAL2。

① V_{CC}（40 引脚）、GND（20 引脚）：单片机电源引脚。

② XTAL1(19 引脚)、XTAL2（18 引脚）：外接时钟引脚。8051 的时钟有两种方式，通常采用的是片内时钟振荡方式，这时需在这两个引脚外接石英晶体和电容，电容的值一般为 30pF 左右，石英晶体的振荡频率通常选择 6MHz、12MHz 或 11.0592MHz。

 温馨提示

> MCS51 单片机采用定时控制方式，规定一个机器周期的宽度为 12 个振荡脉冲周期，因此机器周期就是振荡脉冲的十二分频。当振荡脉冲频率为 12MHz，一个机器周期为 1μs。
>
> 执行一条指令所需要的时间称为指令周期，一般由 1~4 个机器周期组成，大部分为单周期指令（这里指的是汇编指令）。

试一试，想一想：

打开 Proteus，运行任务 1.1 中的程序，然后通过右击 51CPU 修改频率分别为原来的 2 倍及 1/4，再运行程序以观察改变前后延时速度的变化。

问与答 设某段延时程序在振荡脉冲频率为 12MHz 时其延时时间为 100ms，则当振荡脉冲频率为 4MHz 时其延时时间变为（　　）ms、而当振荡脉冲频率为 24MHz 时其延时时间变为（　　）ms。

（2）编程控制引脚

RST、$\overline{PSEN}$、ALE/$\overline{PROG}$、$\overline{EA}$/Vpp。

① RST（9 引脚）：单片机复位引脚。当输入连续两个机器周期以上高电平时为有效，用来完成单片机的复位初始化操作，如是汇编程序的话，程序从程序计数器 PC=0000H，即复位后将从程序存储器的 0000H 单元读第一条指令。如是 C 语言程序的话，程序从 main（）函数开始执行。

$\overline{PSEN}$（29 引脚）：在访问片外存储器时，此端定时输出负脉冲作为片外存储器的选通信号。由于现在使用的单片机内部已经有足够大的 ROM，所以就不需要再去扩展外部 ROM了（了解就行）。

② ALE/$\overline{PROG}$（30 引脚）：当单片机上电正常工作后，ALE 引脚不断向外输出正脉冲信号，此频率为振荡器频率的 1/6。CPU 访问外部存储器时，ALE 作为锁存低 8 位地址的控制信号。此引脚的第二功能 PROG 作为 8751 编程脉冲输入端使用。现在 ALE/$\overline{PROG}$ 引脚很少会用到。

③ $\overline{EA}$/Vpp：$\overline{EA}$ 为访问内/外部程序存储器控制信号。当 $\overline{EA}$ 接高电平时，单片机对 ROM 的读操作先从内部程序存储器开始，当读完内部 ROM 后自动去读外部扩展的 ROM。当 $\overline{EA}$ 为低电平时，单片机直接读外部 ROM。8751 单片机烧写内部 EPROM 时，利用此引脚输入 12~25V 的编程电压。

 温馨提示

因为现在用的单片机都有内部 ROM，所以把 EA 脚接高电平。

（3）并行 I/O 口接口引脚

对单片机的控制，其实就是对 I/O 口的控制，无论单片机对外界进行何种控制，或者接受外部的控制，都是通过 I/O 口进行的。8051 单片机有 32 条 I/O 线，由 4 个 8 位双向输入输出端口构成，每个端口都有锁存器、输出驱动器和输入缓冲器。4 个端口都可以做输入输出口使用，其基本功能如下。

① P0 口（39 脚～32 脚）：双向 8 位 IO 口，每个口可独立控制（位操作）。

② P1 口（1 脚～8 脚）：准双向 8 位 IO 口，每个口可独立控制（位操作），带内部上拉电阻，使用时无须外接上拉电阻。

③ P2 口（21 脚～28 脚）：准双向 8 位 IO 口，每个口可独立控制（位操作），带内部上拉电阻。与 P1 口相似。

④ P3 口（10 脚～17 脚）：准双向 8 位 IO 口，每个可独立控制（位操作），带内部上拉电阻。作为第一个功能使用时做普通的 IO 口，跟 P1 口相似。作为第二个功能时，各个引脚的定义如表 1-2 所示。

表 1-2　各个引脚的定义

标　识	引　脚	第二功能	说　　明
P3.0	10	RXD	串行口输入
P3.1	11	TXD	串行口输出
P3.2	12	$\overline{INT0}$	外部中断 0
P3.3	13	$\overline{INT1}$	外部中断 1
P3.4	14	T0	定时器/计数器 0 外部输入端
P3.5	15	T1	定时器/计数器 1 外部输入端
P3.6	16	$\overline{WR}$	外部数据存储器写脉冲
P3.7	17	$\overline{RD}$	外部数据存储器读脉冲

 温馨提示

当 P0 口作为一般输出口使用时必须外接上拉电阻，一般接入 10kΩ 的上拉电阻。当要读 P0～P3 口某一引脚时，必须先向该引脚写入 "1"。

P0 口负载能力为 8 个 TTL 门电路而 P1～P3 为 4 个 TTL 门电路（低电平的灌入电流为毫安级，而高电平时的输出电流只为微安级）

在并行扩展外存储器或 I/O 口情况下：P0 口用于低 8 位地址总线和数据总线（分时传送），P2 口用于高 8 位地址总线，P3 口常用于第二功能，用户能使用的 I/O 口只有 P1 口和未用作第二功能的部分 P3 端线。

单片机是一个数字集成芯片，数字电路只有两种电平：高电平和低电平。单片机输入和输出的是 TTL 电平，其中高电平是+5V，低电平是 0V。

1.1.3 单片机的开发系统

单片机应用系统的开发过程大致如下：通过对系统要求的分析，设计并搭建硬件电路、编写程序并编译成单片机可执行的.HEX 文件，最后烧写到单片机的程序存储器中，再调试运行，若有错误再修改程序再编译再烧写，若是硬件电路有问题则要从硬件电路修改开始。

编写程序并编译：可采用 MedWin+Keil，运行环境的建立可参考附录 A，编写程序及编译过程请参见本项目之前所述。

烧写到芯片：把仿真头与计算机和实物电路相连接，再接通各电源。然后用编程器把已生成的可执行目标文件下载到单片机的程序存储器中。

温馨提示

即使有实物电路，用 Proteus 仿真也是一种不错的选择。

专用编程器相对比较昂贵，用户可以选用具有 ISP 下载功能的单片机（如 AT89S51 或 AT89S52），以及宏晶单片机。宏晶单片机不仅具有 ISP 下载功能，还具有串口下载功能，使用起来非常方便。

思考与练习

【巩固复习】

（1）填空题

① 单片机应用系统是由（　　　）和（　　　）两大部分组成的。

② 除了单片机和电源外，单片机最小系统应包括（　　　　　）电路和（　　　　　）电路。

③ 对 MCS-51 单片机，当振荡频率为 3MHz 时，一个机器周期为（　　　）。

④ 对 MCS-51 单片机，执行相同的程序段，当振荡脉冲频率增大时执行时间（　　），而当振荡脉冲频率减小时执行时间（　　　）。

⑤ 对 MCS-51 单片机，其复位信号需保持（　　）个机器周期以上的（　　）电平时才有效。

⑥ MCS-51 单片机的存储器主要包括（　　）和（　　），其中用户编写的程序一般放在（　　）中，而临时的变量一般放在（　　　）中。

⑦ 通常使用的 MCS-51 单片机，共有（　　）个并行输入输出端口，C51 编程访问这些端口时可以按（　　）寻址操作，还可以按（　　　）操作。

⑧ MCS-51 单片机通常把 EA 脚接（　　　）电平。

⑨ MCS-51 单片机并行输入输出端口中具有第二功能的是（　　　　）。

⑩ MCS-51 单片机中（　　　）口作为一般输出口使用时必须外接上拉电阻。

⑪ MCS-51 单片机中当要读 P0～P3 口某一引脚时，必须（　　　　）。

⑫ MCS-51 单片机端口低电平的灌入电流为（　　　）级、而高电平时的输出电流只为（　　）级。

（2）选择题

① MCS-51 单片机的内部结构组成主要包括（　　　）。

　A．中央处理器 CPU、数据存储器 RAM

　B．程序存储器 ROM、定时/计数器

C．串行接口、可编程 I/O 口

D．以上全是

② 当 MCS-51 单片机应用系统需要扩展外部存储器或其他接口芯片时，（   ）可作为高 8 位地址总线使用。

A．P0 口　　　B．P1 口　　　C．P2 口　　　D．P3 口

③ 当 MCS-51 单片机应用系统需要扩展外部存储器或其他接口芯片时，（   ）用于分时传送低 8 位地址和数据。

A．P0 口　　　B．P1 口　　　C．P2 口　　　D．P3 口

④ 单片机的 ALE 引脚是以晶振频率的（   ）频率输出正脉冲，因此它可作为外部定时脉冲使用。

A．1/2　　　B．1/6　　　C．1/4　　　D．1/12

⑤ MCS-51 单片机的 CPU 是（   ）位的。

A．4　　　B．16　　　C．8　　　D．32

⑥ 单片机能够直接运行的程序是（   ）

A．C 语言源程序　B．汇编源程序　C．机器语言程序　D．高级语言程序

（3）简答题

① 什么是单片机？它由哪几部分组成？什么是单片机应用系统？

② 画出 MCS-51 单片机的时钟电路。

③ MCS-51 单片机的复位方法通常有哪几种？画出各自的电路图并说明其工作原理。

④ MCS51 单片机复位后各端口引脚的状态如何？

⑤ 开发单片机应用系统的一般过程是什么？

⑥ 画出 51 单片机引脚示意图。

【考核与评价】

评价项目	评价内容	分值	自我评价	小组评价	教师评价	得分
技能目标	① 能在 Medwin 中创建源程序文件并生成 HEX 目标文件；	25				
	② 会使用 protues 运行程序	15				
知识目标	① 能领会项目开发过程；	10				
	② 能理解 MCS-51 单片机的基本资源；	10				
	③ 能识别 C51 的引脚和端口特性	10				
情感态度	① 出勤情况；	5				
	② 纪律表现；	5				
	③ 作业情况；	10				
	④ 团队意识	10				
总　分		100				

任务 1.2　让灯闪起来

任务描述

在任务 1.1 中用单片机实现指示灯亮与灭的控制显得大材小用、多此一举，能否用上述

电路模拟汽车转向指示灯的控制呢?即打开转向开关时转向灯闪烁,关闭转向开关时转向灯灭。

能力培养目标

① 能编写延时程序。
② 会排除一般的语法错误。
③ 能领会 C 程序基本结构及特点。
④ 能掌握 C51 基本数据类型。
⑤ 能领会 C51 运算符及表达式。

学习组织形式

采取以小组为单位互助学习,每人或两人合用一台电脑。用仿真实现所需的功能后如果有实物板(或自制硬件电路)可把程序下载到实物上再运行、调试,学习过程鼓励小组成员积极参与讨论。

任务实施过程

(1) 创建硬件电路

实现此任务的电路原理图如图 1-20。图 1-20 与任务 1.1 中的图完全一样,但所要求达到的目标不同,如任务描述的那样:按下开关时灯闪烁,断开开关时灯灭。

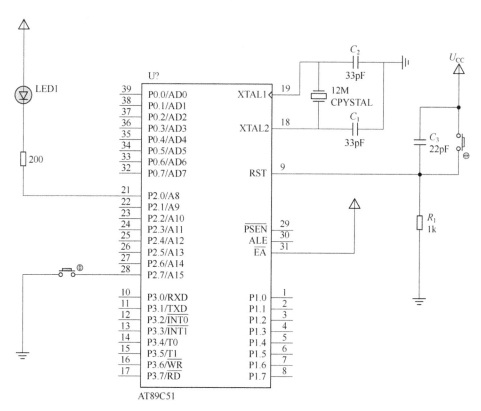

图 1-20 闪烁灯示意图

（2）程序编写

 **试一试，想一想：**

若要让灯闪烁，只要让 P2.0 口一次输出 0、再接着输出 1 并不断反复就行。可把任务 1.1 中循环体内的语句改成"LED=0；LED=1"，再编译，然后在 Proteus 中打开任务 1.1 设计电路，把已编译所生成的 HEX 文件下载到单片机中，再运行并观察结果。

结果是什么呢？——给人的感觉灯是一直亮着的，这是为什么呢？

其原因是单片机的执行速度太快，按上述程序段灯一亮一灭的时间间隔只有 1μs（时钟频率为 12MHz 时），人的眼睛根本无法反应过来，所以给人的感觉灯是一直亮着的。

解决的办法：让灯亮或灭时各停留一定的时间。

① 程序流程如图 1-21 所示。

温馨提示

流程图是解题思路的图形化表示，它具有简单明了、易于交流等特点，在系统开发中经常用到。流程图常用的图形符号有带圆弧形的矩形框——用于表示程序的开始或结束，矩形框（有一个入口和一个出口）——用于表示一般的输入输出及操作运算，菱形框（有一个入口和两个出口，出口处要标明对应的是条件成立或不成立）——用于表示情况判断，箭头用于表示程序的流向，如图 1-21 所示，各框中用适当文字作简明的描述。

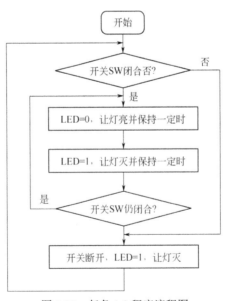

图 1-21　任务 1.2 程序流程图

② 编写程序如下。

行号	程序
01	/* shanshuodeng */
02	#include <REG52.H>
03	sbit SW=P2^7; //特殊位变量定义
04	sbit LED=P2^0;
05	main() //主函数
06	{
07	unsigned int t;//定义无符号整形变量t
08	while(1)
09	{
10	if(SW= =0)
11	{ //开关接通
12	do
13	{
14	//只要开关还接通灯就闪烁
15	LED=0; //灯亮
16	t=0;
17	while(t<30000)t++;//保持数百毫秒
18	LED=1; //灯灭
19	t=0;
20	while(t<30000)t++;//保持数百毫秒
21	} while(SW= =0);
22	}
23	LED=1;//开关断开时灯灭
24	}
25	}

③ 程序说明

- 07 行：unsigned int 为无符号整形变量定义符，定义 t 为无符号整形变量。
- 10 行：if 为条件语句，本语句作用是判断开关是否接通，如果是接通状态则控制灯闪烁。
- 12～21 行：为 do—while 循环语句，本语句作用是只要开关还是接通状态，则控制灯继续闪烁，13～20 行为循环体。
- 16、17 行与 19、20 行完全相同，其作用是让变量 t 从 0 不断加 1 直到 3 万为止，在此期间让灯保持某种状态不变。

温馨提示

由 14、15 行所构成的程序段就是一个延时程序段，延时程序纯粹是让计算机消磨时间，以满足程序在时间上的要求。在 C51 程序设计中经常要用到延时程序，通常把它写成一个延时函数以供调用，具体见后续任务。

（3）创建程序文件并生成.HEX 文件

打开 MEDWIN，新建项目文件"P2"，创建程序文件"P2_1.C"，输入上述程序，然后按工具栏上的"产生代码并装入"按钮（或按 CTRL+F8），此时将在屏幕的构建窗口中看到如图 1-22 所示的信息，它代表编译没有错误、也没有警告信息，且在对应任务文件夹的

OUTPUT 子目录中已生成目标文件"P2.HEX"。

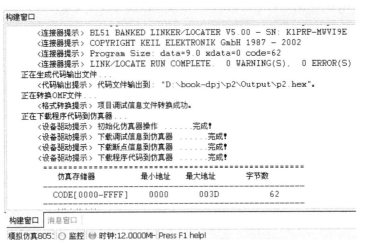

图 1-22 编译过程信息提示

问题 编译通不过怎么办？

在编写程序过程中，往往不可能一次成功。编译通不过一般会有相应的提示信息，如图 1-23 所示，编译发现两处错误：行 24 与行 25，其含义：① 'Led' 是未定义的标识符；②在 25 行靠近'}'处有语法错误。

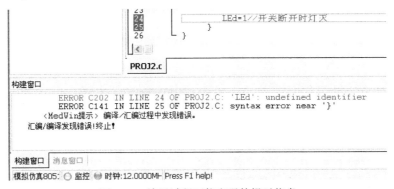

图 1-23 编译过程可能出现的提示信息

 对策

应借助出错信息去发现并修改错误，直到编译通过为止。

通过上下对照，同学们可能会说在"04 行"不是已定义了位变量"LED"了吗，怎么还提示没定义呢？细心的同学应该能发现问题出在大小写上了！——请务必记住：C 语言是区分大小写的。

有的问题是相互关联引起的，如例中的第 2 处错误，"25 行"本自其实没问题，问题是出在上一行缺少了语句结束符"；"，有的情况可能更加复杂，要找出真正出错的位置需要细心加耐心。

（4）运行程序观察结果

在 Proteus 中打开任务 1.1 设计电路，把已编译所生成的 HEX 文件下载到单片机中，再运行：试着让开关闭合一段时间、再断开一段时间同时观察结果。

如果有实物板可把程序下载到实物上再运行、调试。也可以根据图 1-20 与表 1-1 提供的原理图与器件清单在万能板上搭出电路后再把已编译所生成的 HEX 文件下载到单片机中。然后再调试运行。

1.2.1 C 程序基本结构特点及规则

（1）C 语言程序结构及特点

① 一个 C 语言源程序可以由一个或多个源文件组成。

② 每个源文件可由一个或多个函数组成。

③ 一个源程序不论由多少个文件组成，都有一个且只能有一个 main 函数，即主函数。

④ 源程序中可以有预处理命令（如 include、define 等命令），预处理命令通常应放在源文件或源程序的最前面。

⑤ 每一个语句都必须以分号结尾。但预处理命令，函数头和花括号"}"之后不能加分号。

⑥ 标识符与关键字之间必须至少加一个空格以示间隔。若已有明显的间隔符，也可不再加空格来间隔。

⑦ C 语言区分字母大小写。

（2）书写 C 语言程序时应遵循的一般规则

① 一个说明或一个语句占一行。

② 不可以用关键字作标识符。

③ 用{}括起来的部分，通常表示了程序的某一层次结构。{}一般与该结构语句的第一个字母对齐，并单独占一行。

④ 低一层次的语句或说明可比高一层次的语句或说明缩进若干格后书写。以便看起来更加清晰，增加程序的可读性。

在编程时应力求遵循这些规则，以养成良好的编程风格。

1.2.2 C51 常用数据类型

C51 是一种专门为 MCS-51 系列单片机设计的 C 语言编译器，支持 ANSI 标准的 C 语言程序设计，同时根据 8051 单片机的特点做了一些扩展，下面对 C51 中常用的数据类型进行介绍。

1.2.2.1 C51 的主要数据类型

计算机是以数据为操作对象的，任何程序设计都要对数据进行处理，数据的不同格式称为数据类型。

基本数据类型是 C51 中最为常用的数据类型，如表 1-3 所示。

表 1-3 C51 常用的数据类型

数据类型	说明	长度	值域
unsigned char	无符号字符型	单字节	0～255
signed char	带符号字符型	单字节	-128～+127
unsigned int	无符号整型	双字节	0～65535
signed int	带符号整型	双字节	-32768～+32767
unsigned long	无符号长整型	四字节	0～4294967295
signed long	带符号长整型	四字节	-2147483648～+2147483647

续表

数据类型	说 明	长 度	值 域
bit	位变量	1位	0或1
sbit	可位寻址的位变量	1位	0或1
sfr	特殊功能寄存器	单字节	0~255

（1）字符类型 char

char 类型的数据长度为 1 个字节，它分为带符号字符型 signed char 和无符号 unsigned char 字符型。C51 中通常用的是无符号字符型，可以表示的数值范围为 0~255。

 温馨提示

在 C51 中 unsigned char 是使用最为广泛的数据类型，经常用于处理 ASCII 字符或用于处理不大于 255 的整型数。因为经常要用到它，所以通常在程序开头用#define 定义一个等价的标识符代替它，格式如下：

`#define uchar unsigned char`

定义后就可以用 uchar 代替 unsigned char 了。

类似地：用#define uint unsigned int 定义后就可以用 uint 代替 unsigned int 了。

（2）整型 int

int 整型数据长度占 2 个字节，它也分为有符号整型 signed int 和无符号整型 unsigned int。C51 中通常用的是无符号整型，可以表示的数值范围为 0~65535。

（3）长整型 long

long 整型数据长度占 4 个字节，它也分为有符号整型 signed long 和无符号整型 unsigned long，它们能表示的数据范围见表 1-3。

试一试，想一想：

① 在任务 1.2 中如何改变使得灯闪烁的频率变慢些？想好后试着修改程序再编译运行，并比较修改后的变化是否达到了预期效果。

② 如果把行 17 的语句 while(t<30000)t++; 修改成 while(t<80000)t++;然后再编译运行，将会看到什么结果？为什么？

 温馨提示

在 C 程序中要注意所定义变量的取值范围，如果超过了该变量所能表示的数据范围就无法达到预期的效果。

（4）位类型 bit

位类型 bit 是 C51 编译器的一种扩充数据类型，利用它可定义一个位类型变量，它的值是一个二进制位，只有 0 或 1。注意不能定义位数组。

（5）特殊位类型 sbit

特殊位类型 sbit 也是 C51 编译器的一种扩充数据类型，利用它可访问 51 芯片内部 RAM 中的可寻址位或特殊功能寄存器中的可寻址位。

（6）特殊功能寄存器 sfr

特殊功能寄存器 sfr 也是 C51 扩展的一种数据类型，占用一个字节，取值范围为 0~255，它用于定义 51 系列单片机内部所对应的特殊功能寄存器。

试一试：

同学们可以试着找一下头文件 REG51.H（表 1-4）并打开它，看看该文件的内容。

表 1-4　头文件 **REG51.H**

/* BYTE Register */	/* BIT Register */	/* IP */
sfr P0 = 0x80;	sbit CY = 0xD7;	sbit PS = 0xBC;
sfr P1 = 0x90;	sbit AC = 0xD6;	sbit PT1 = 0xBB;
sfr P2 = 0xA0;	sbit F0 = 0xD5;	sbit PX1 = 0xBA;
sfr P3 = 0xB0;	sbit RS1 = 0xD4;	sbit PT0 = 0xB9;
sfr PSW = 0xD0;	sbit RS0 = 0xD3;	sbit PX0 = 0xB8;
sfr ACC = 0xE0;	sbit OV = 0xD2;	/* P3 */
sfr B = 0xF0;	sbit P = 0xD0;	sbit RD = 0xB7;
sfr SP = 0x81;	/* TCON */	sbit WR = 0xB6;
sfr DPL = 0x82;	sbit TF1 = 0x8F;	sbit T1 = 0xB5;
sfr DPH = 0x83;	sbit TR1 = 0x8E;	sbit T0 = 0xB4;
sfr PCON = 0x87;	sbit TF0 = 0x8D;	sbit INT1 = 0xB3;
sfr TCON = 0x88;	sbit TR0 = 0x8C;	sbit INT0 = 0xB2;
sfr TMOD = 0x89;	sbit IE1 = 0x8B;	sbit TXD = 0xB1;
sfr TL0 = 0x8A;	sbit IT1 = 0x8A;	sbit RXD = 0xB0;
sfr TL1 = 0x8B;	sbit IE0 = 0x89;	/* SCON */
sfr TH0 = 0x8C;	sbit IT0 = 0x88;	sbit SM0 = 0x9F;
sfr TH1 = 0x8D;	/* IE */	sbit SM1 = 0x9E;
sfr IE = 0xA8;	sbit EA = 0xAF;	sbit SM2 = 0x9D;
sfr IP = 0xB8;	sbit ES = 0xAC;	sbit REN = 0x9C;
sfr SCON = 0x98;	sbit ET1 = 0xAB;	sbit TB8 = 0x9B;
sfr SBUF = 0x99;	sbit EX1 = 0xAA;	sbit RB8 = 0x9A;
	sbit ET0 = 0xA9;	sbit TI = 0x99;
	sbit EX0 = 0xA8;	sbit RI = 0x98;

温馨提示

正因为在头文件 REG51.H 中已定义了特殊功能寄存器的名字及特殊位名字，因此编程时只要把头文件 REG51.H 包含在程序中就可以直接引用这些名字了。

1.2.2.2　C51 中的常量与变量

C51 中基本数据类型量按其取值是否可改变分为常量和变量两种，其区别是：常量的值在程序运行期间是不会变化的而变量的值却可以变化。

（1）常量

常量在程序的执行过程中其值保持不变。C51 语言中常用的常量有整型常量、字符常量和字符串常量和符号常量。

整型常量

整型常量就是整常数。在 C 51 语言中，使用的整型常量主要有十六进制和十进制 2 种：

① 十进制整型常量。

十进制整型常量没有前缀，如：314、-87。

② 十六进制整型常量。

十六进制整型常量的前缀为 0X 或 0x，如 0XF7、-0X3A。

字符型常量

字符常量是用单引号括起来的一个字符。一个字符常量在计算机的内存中占据一个字节的容量。字符常量的值就是该字符的 ASCII 码值。因此，一个字节常量实际上也是一个字节的整型常量，可以参与各种运算。例如：'A'、'3'、'b'。

字符串常量

字符串常量是由一对双引号括起的字符序列。例如："CHINA"，"program"，"12.5"等都是合法的字符串常量。

在 C51 语言中没有相应的字符串变量，但可以用一个字符数组来存放一个字符串，数组的单元数为字符个数加 1，多出的一个单元用以存放字符串的结束标志 '\0'（ASCII 码为 0）。

 温馨提示

在定义字符常量与字符串常量时，其中的单引号或双引号是它们的定界符，本身并不是字符常量与字符串常量的一部分，且引号中的字符不能是单引号本身或反斜杠。

符号常量

常量除了可以用上述方法直接表示外，还可以采用符号表示，称为符号常量。符号表示是用标识符代表一个常量，符号常量在使用之前必须先定义，其一般形式为：

#define 标识符　常量

例如：

#define NUM 34   //用符号常量 NUM 表示数值 34
#define ON   0   //用符号常量 ON 表示开关量 0

上述定义后就可以在程序中用 NUM 表示 34，用 ON 表示 0。

（2）变量

在程序执行过程中，值可以改变的量称为变量。一个变量应该有一个名字，变量的命名必须遵循 C51 中标识符的规则，在 C 语言中变量必须先定义后使用。定义变量的最简单格式为：

数据类型　变量名表；

如：unsigned int a,b;   //定义无符号整型变量 a,b
　　unsigned char x,y=5;   //定义无符号字符型变量 x,y，且给变量 y 赋初值 5
　　bit flag1;   //定义位变量 flag1
　　sbit led1=P1^1;   //定义特殊位变量 led1，它代表 P1 端口的 P1.1 位

1.2.3 C51 运算符及表达式

C51 提供了丰富的运算符，它们能构成多种表达式。表达式是由运算符及运算对象组成

的、具有一定含义的式子。C 语言是一种表达式语言，表达式后面加上分别";"就构成了表达式语句。下面就对 C51 中常用的运算符及表达式做一介绍。

（1）赋值运算符"="

使用"="的赋值语句格式如下：

变量 = 表达式；

如：

a = 0xFF; //将常数十六进制数 FF 赋予变量 a
b = c = 33; //把常量 33 同时赋值给变量 b,c
d = c; //将变量 c 的值赋予变量 d
f = a+b; //将表达式 a+b 的值赋予变量 f

（2）算术及增减量运算符

C51 中的算术及增减量运算符如表 1-5 所示。"/"为除法运算，用在整数除法当中为求模运算，如 10/3=3 表示 10 对 3 求模，即 10 当中含有多少个整数的 3，结果为 3 个。当进行小数除法运算时，需要写成 10/3.0，结果才是 3.33333，若写成 10/3 它只能得到整数而得不到小数，这一点请大家一定注意。

"%"求余运算，也是在整数中，如 10%3=1，即 10 当中含有整数倍的 3 去掉之后剩下的数即为求余数。

由圆括号和算术运算符连接起来的有意义的式子称为算术表达式，其运算符的优先级如表 1-5 所示，其中序号小的优先级高（圆括号的优先级为"1"最高）。

表 1-5 算术及增减量运算符

运算符	含义	功能	优先级
+	加法	求两个数的和，如 12 + 5→17	4
−	减法	求两个数的差，如 12−5→7	4
*	乘法	求两个数的积，如 12*5→60	3
/	除法	求两个数的商，整数相除商为整数，如 13/5→2	3
%	取余	求两个整数相除后的余数，如 13%5→3	3
++	自加 1	整型变量自动加 1	2
−−	自减 1	整型变量自动减 1	2

温馨提示

①取余运算只能对两个整数进行；②自加与自减运算只能对整型变量进行，它们的作用是使变量值自动加 1 或减 1，它们各自又分为前置运算和后置运算，如已知 int m=n=5;请仔细区分下面的区别：

k=++m ; //++m 为前置运算，它是先执行 m+1→m，再把结果赋给 k，运算结果是 m,k 都为 6

t=n++;// n++为后置运算，它是先使用 n 的值，即 5→t，再执行 n+1→n，运算结果是 t 为 5,n 为 6

做一做：

已知有 int m=n=5;则执行 k=- -m ; 与 t=n- -;后 m,n,k,t 各自的值。

比一比，看哪一组能把下面的问题先做出来：

已知 KK（如 892），请把其个位、十位、百位分离出来并依次放到 buff[0]、buff[1]、buff[2] 中，用流程图表示其实现过程（请用整除"/"与求余"%"运算符实现）

在 C51 中也可以使用复合赋值运算符，如"t+=5"为加法赋值，相当于 t= t+5，其余的依此类推。

（3）关系（逻辑）运算符

在前面介绍过的条件判断中，常常要比较两个表达式的大小关系，以决定程序的下一步走向。对两个表达式的量进行比较的运算符称为关系运算符，由此构成的表达式称为关系表达式，关系表达式运算的结果为逻辑值真（非 0）或假（0）。关系表达式的格式：

表达式1　关系运算符　表达式2

逻辑表达式是通过逻辑运算符把取值为逻辑量的表达式连接起来的一个式子，其结果还是逻辑值"真"或"假"。

C51 中的关系（逻辑）运算符及运算优先级如表 1-6 所示。

表 1-6　关系（逻辑）运算符

关系（逻辑）运算符	含　义	优　先　级
>	大于	6
>=	大于等于	6
<	小于	6
<=	小于等于	6
==	测试相等	7
!=	测试不等	7
!	逻辑非	2
&&	逻辑与	11
||	逻辑或	12

逻辑与、逻辑非、逻辑或的运算规则如下。

① 逻辑与&&：当且仅当运算符"&&"两边运算量的值都为"真"时，运算结果才为真，否则就为假。

② 逻辑或||：只要运算符"||"两边运算量的值有一个为"真"时，运算结果就为真，否则才为假。

③ 逻辑非!：为单目运算，当运算量的值为"假"时，运算结果为真，否则就为假。

请注意"="与"=="的区别，"="是赋值运算，而在条件是否相等的判断中务必要用"==",这在初学者身上往往会经常犯错。"! ="则用于判断两边的两个数是否不相等。

试一试：

把本项目中行号为 10 的语句 "if(SW= =0)" 改成 "if(SW= 0)" 再编译程序，然后再用 Proteus 仿真运行，并观察会有什么样不同的结果，想一想结果为什么是这样？

（4）位运算符

MS-51 系列单片机应用系统的设计，归根结底是对 I/O 端口的操作，因此对位的运算与处理就显得非常重要，而 C51 提供了灵活的位操作与运算，使得 C51 语言也能像汇编语言一样对硬件进行直接操作，也正如此才使得 C51 越来越得到开发人员的认可。

C51 提供了 6 种位运算，如表 1-7 所示。位运算符的作用是按二进制位对变量进行运算。

表 1-7 位运算符

位 运 算 符	含 义	优 先 级
~	按位取反	2
<<	左移	5
>>	右移	5
&	按位与	8
^	按位异或	9
|	按位或	10

设 a，b 为位变量，则相对应的位运算的关系如表 1-8 所示。

表 1-8 位运算真值表

a	b	~a	a&b	a|b	a^b
0	0	1	0	0	0
0	1	1	0	1	1
1	0	0	0	1	1
1	1	0	1	1	0

温馨提示

"与"、"或"、"非" 运算符有逻辑运算与位运算之分，请注意它们之间的区别。对于逻辑运算，参与运算的数作为一个整体只有两种情况真（非 0）与假（0），而对于位运算，参与运算的数是以一个位一个位分别进行的。

做一做：

已知 x、y 均为字符型变量，其对应二进制值为：x=01010000B, y=11110101B；

现给定相应的逻辑运算与位运算如表 1-9，试写出对应的结果：

表 1-9 逻辑运算与位运算

逻辑运算		位 运 算	
逻辑表达式	运算结果	位运算表达式	运算结果
x&&y	1	x&y	01010000B
x||y	1	x|y	11110101B
! x	0	~x	10101111B

 温馨提示

按位与运算通常用来对某些位进行清零或保留某些位,如要保留 X 中的低 4 位而清除 X 中的高 4 位可写成 "X=X&0x0F"(其中 0X0F 对应的二进制数为 00001111B);而按位或运算则通常用于把指定位置为 1 或保留某些位的操作,如要保留 X 中的低 4 位而把 X 中的高 4 位置 1 可写成 "X=X|0xF0"(其中 0XF0 对应的二进制数为 11110000B)。

左移运算符与右移运算符,它们的功能是把运算符左边操作数的二进制位全部左移或右移若干位,移动的位数由运算符右边的常数指定,移走的位补 0 而被移出的位则丢失。

做一做:

已知 x、y 均为字符型变量,其对应二进制值为:x=01010000B,y=11110101B

那么当执行:y=y<<3,x=x>>2 后 x,y 的值分别是多少?

(5)逗号运算符与逗号运算表达式

在 C 语言中逗号 ","也是一种运算符,称为逗号运算符,其功能是用于把多个表达式连接起来以构成逗号表达式,其一般形式为:

表达式 1,表达式 2,…… 表达式 n

逗号表达式的求解过程是从左向右进行的。在实际应用中使用逗号表达式往往并不是要求出整个逗号表达式的值,而是要求出各自表达式的值,只是为了简化书写而已。

 温馨提示

并不是所有出现 ","的地方都构成逗号表达式,如 "char x,y;",其中的逗号只是一种变量之间的分隔符。

(6)条件运算符 "? :"

条件运算符 "? :",它要求有 3 个运算对象,由此构成的表达式称为条件表达式,其一般形式如下:

逻辑表达式 ? 表达式 1 : 表达式 2

条件运算符是根据逻辑表达式的值选择使用表达式的值,当逻辑表达式为真(非 0)时,整个表达式的值取表达式 1 的值,当逻辑表达式为假(0)时,整个表达式的值取表达式 2 的值。

如:min=(a<b)?a:b   //当 a<b 时则 min=a;而当 a>=b 时则 min=b

思考与练习

【实战提高】

① 现在全社会都在倡导节能减排,每个人也应该从身边做起——不能让楼道的灯一直亮着!参照图 1-20,实现楼道路灯的延时控制,即按下开关时灯亮,放开后让灯再亮一定的时间后才熄灭,试编写程序并在 Proteus 上仿真运行。

② 为了方便开关灯,在房间里往往一盏灯由两个开关控制,如图 1-24 所示。设开关 S1

与 S2 同时打开或同时闭合灯灭、开关 S1 与 S2 一开一关时灯亮。试编写程序，编译成功后再用 Proteus 仿真运行。注：Proteus 电路图请到任务 1.2 文件夹下打开 "proj2_2.DSN"

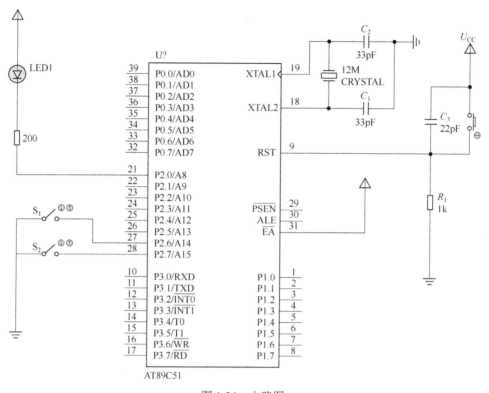

图 1-24　电路图

【巩固复习】

（1）填空题

① 一个 C 源程序必须也只能有一个（　　）函数。
② C 语言中语句是以（　　）为结束标志。
③ C51 中的字符串是以（　　）作为结束符。
④ 无符号字符型数据的取值范围为（　　）。
⑤ 已知 x、y 均为字符型变量，其对应二进制值为：x=11010101B,y=10101100B；现给定相应的逻辑运算与位运算如下表，试写出对应的结果：

逻辑运算		位运算	
逻辑表达式	运算结果	位运算表达式	运算结果
x&&y		x&y	
x||y		x|y	
! x		～x	
		x^y	
		x<<2	
		y>>3	

⑥ 在 MEDWIN 环境中，若编译过程出现类似"syntax error"则表示程序有（　　）。

（2）单项选择题

① 下面叙述不正确的是（　　）。
　　A．一个 C 程序可以由一个或多个函数组成
　　B．一个 C 源程序必须包含一个 main( )函数
　　C．在 C 程序中，注释说明只能位于一条语句的后面
　　D．C 程序的基本组成单位是函数

② C 程序总是从（　　）开始执行的。
　　A．主函数　　B．第一条语句　　C．程序中第一个函数　　D．主程序

③ 在 C51 中若一个变量的取值范围为 20～180，则应该把该变量定义成（　　）最为合适。
　　A．char　　B．unsigned char　　C．bit　　D．int

④ 在 C51 中能确保整型变量 T 最高位保持为 1 而其余不变的式子是（　　）
　　A．T=T|0x80　　B．T=T&0x80　　C．T=T|0x8000　　D．T=T&0x8000

【考核与评价】

评价项目	评价内容	分值	自我评价	小组评价	教师评价	得分
技能目标	① 能完成任务	20				
	② 能独立编写延时程序	10				
	③ 会排除一般的语法错误	10				
知识目标	① 能领会 C 程序基本结构及特点	10				
	② 能掌握 C51 基本数据类型	10				
	③ 能领会 C51 运算符及表达式	10				
情感态度	① 出勤情况	5				
	② 纪律表现	5				
	③ 作业情况	10				
	④ 团队意识	10				
总　　分		100				

任务 1.3　制作跑马灯

任务描述

让 8 只 LED 灯依次从上到下（或从左到右）不断循环显示（每次一只亮）

能力培养目标

① 能编写简单 C51 程序。
② 能掌握不同进制间的转换。
③ 能领会 C51 程序基本结构。

学习组织形式

采取以小组为单位互助学习，每人或两人合用一台电脑。用仿真实现所需的功能后如果

有实物板（或自制硬件电路）可把程序下载到实物上再运行、调试，学习过程鼓励小组成员积极参与讨论。

任务实施过程

（1）创建硬件电路

实现此任务的电路原理图如图 1-25 所示。

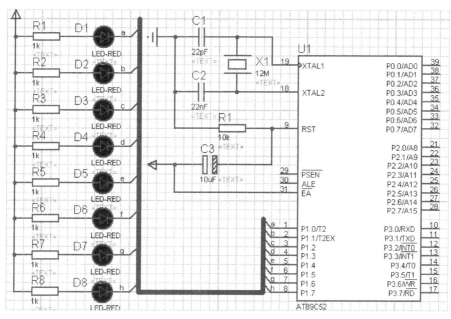

图 1-25　跑马灯示意图

电路说明：

8 只 LED 灯从上到下一端与 P1.0～P1.7 相连，另一端通过一只电阻与电源相连。当 P1 口的某一端为低电平时对应的 LED 灯就亮，相反就灭。实现此功能的系统元器件清单如表 1-10 所示。

表 1-10　闪烁灯控制系统元器件清单

元器件名称	参　　数	数　　量	元器件名称	参　　数	数　　量
电解电容	22μF	1	IC 插座	DIP40	1
瓷片电容	30pF	2	单片机	89C51	1
晶体振荡器	12MHz	1	电阻	200Ω	8
弹性按键		1	发光二极管		8
电阻	1kΩ	1			

注：表中灰色底纹部分为系统时钟与复位电路所需的元器件，在图 1-25 中未画出，参见图 1-1。

（2）程序编写

① 流程图。

② 编写的程序如下。

问题的提出：在图 1-26 中，共有 8 处要用到保持几百毫秒的延时程序段，固然可以每一处都单独写一段，那有没有方法避免这种简单的重复书写呢？

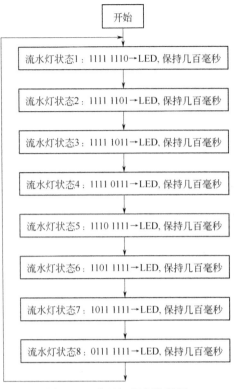

图 1-26 跑马灯程序流程图

 温馨提示

把它单独写成一个延时函数，见下面程序。

行号	程序
01	`/* liushuideng */`
02	`#include <REG52.H>`
03	`#define LED P1`
04	`void delay()`
05	`{`
06	`    unsigned int t;  //定义t为无符号整形变量`
07	`    t = 0;`
08	`     while(t<30000)   t++; //每循环一次t加1,直到t大于等于30000退出`
09	
10	`}`
11	`main()         //主函数`
12	`{`
13	`    while(1)`
14	`    {`
15	`        LED = 0Xfe;  // 跑马灯状态1: 1111 1110`
16	`        delay();`

17	LED = 0Xfd;　// 跑马灯状态 2：1111 1101	
18	delay();	
19	LED = 0Xfb;　// 跑马灯状态 3：1111 1011	
20	delay();	
21	LED = 0Xf7;　// 跑马灯状态 4：1111 0111	
22	delay();	
23	LED = 0Xef;　// 跑马灯状态 5：1110 1111	
24	delay();	
25	LED = 0Xdf;　// 跑马灯状态 6：1101 1111	
26	delay();	
27	LED = 0Xbf;　// 跑马灯状态 7：1011 1111	
28	delay();	
29	LED = 0X7f;　// 跑马灯状态 8：0111 1111	
30	delay();	
	}	
	}	

③ 程序说明

- 03 行：#define LED P1 为宏定义命令，定义后在程序中"LED"将代表 51 的"P1"口。

宏定义命令的一般格式为：#define　标识符　字符串

宏定义中的标识符称为"宏名"，习惯上用大写字母表示；字符串称为"宏体"，可以是常量、关键字、语句、表达式等。在编译预处理时，将对程序中所有出现的"宏名"，都用宏定义中的字符串去替换（称为"宏替换"或"宏展开"）。

- 04～09 行：为一自定义函数，delay 为函数名，其前面的 void 代表此函数无返回值，函数名之后花括号里面的语句是函数体。本函数即是一个延时函数，如前所述它纯粹是为了消磨一定的时间，改变 while 中条件的范围将改变延时的时间。

- 14～29 行：为依次按一定时间间隔显示跑马灯的 8 种状态，这一程序较为直观但过程基本重复，可以进行简化。

(3) 创建程序文件并生成.HEX 文件

打开 MEDWIN，新建项目文件"P3"，创建程序文件"Proj3.C"，输入上述程序，然后按工具栏上的"产生代码并装入"按钮（或按 CTRL+F8），如果编译发现错误需对程序进行修改，直到编译成功，此时将在对应项目文件夹的 OUTPUT 子目录中生成目标文件"P3. HEX"。

(4) 运行程序观察结果

在 Proteus 中打开任务 1.3 设计电路"proj3.DSN"，把已编译所生成的"P3. HEX"文件下载到单片机中，再运行同时观察结果。

如果有实物板可把程序下载到实物上再运行、调试。也可以根据图 1-25 与表 1-9 提供的原理图与器件清单在万能板上搭出电路后再把已编译所生成的 HEX 文件下载到单片机中。然后再调试运行。

1.3.1　C51 中常用的进制

要使用计算机处理信息，首先必须使计算机能够识别它们。由于计算机硬件是由电子元器件组成的，而电子元器件大多都有两种稳定的工作状态，可以很方便地用来表示"0"和"1"。为此从第一台计算机到现在，计算机内部都采用"0"和"1"表示的二进制数，这就意味着对任何要由计算机处理的信息都必须转换成二进制数的形式。但人们习惯的是十进制数，因此就存在着二进制数与十进制数之间转换的问题。此外，为了简化二进制的表示，又引入了八进制和十六进制。

1.3.1.1 进位计数制

（1）二进制

"逢十进一，借一当十"是十进制的特点。对二进制数，"逢二进一，借一当二"便是二进制数的特点。通常在表示二进制数据时在其最后加 B 作为后缀以示同其他进制数的区别，如 101B。

（2）十六进制数

十六进制数是"逢十六进一，借一当十六"。十六进制的数码有 16 个，除 0~9 外、分别用 A、B、C、D、E、F 对应十进制的 10、11、12、13、14、15，这里字母不分大小写。平时在表示十六进制数时一般在最后面加上后缀 H，十进制数（可以不加后缀或加后缀 D）10=AH，而在 C 语言中要写成 0x0A(或 0x0a)，其中"0x"表示该数为十六进制数。表 1-11 为 1 位十六进制数所对应的十进制和二进制数。

表 1-11　二、十、十六进制之间的关系

十六进制	十进制	二进制	十六进制	十进制	二进制
0	0	0000	8	8	1000
1	1	0001	9	9	1001
2	2	0010	A	10	1010
3	3	0011	B	11	1011
4	4	0100	C	12	1100
5	5	0101	D	13	1101
6	6	0110	E	14	1110
7	7	0111	F	15	1111

1.3.1.2 不同进制间的互换

（1）二进制与十六进制数的互换

二进制与十六进制数的互换很有规律，每 4 位二进制数完全与 1 位十六进制数相对应，并遵循 8421 规则，如表 1-10 所示，因此它们通过口算可以得到。

【例 1-1】　① 1101011.11001 B=(？)H　② 5A.6H=(　？　) B

解：

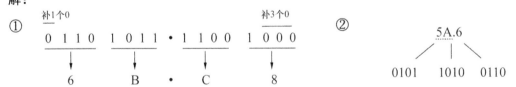

即：1101011.11001 B=(6B.C8)H　　5A.6H=(1011010.011) B

做一做：

① 11011010110B=(　？　) H　② 7C6BH=(　？　) B

（2）二进制、十六进制数转换成十进制数

二进制、十六进制数转换为十进制数十分简单，可以采用按权展开相加法。

【例 1-2】　①（10111.11）B=(？)D　② 5A.8H=(　？　) D

解：
① $(10111.11)_2 = 1\times 2^4 + 1\times 2^2 + 1\times 2^1 + 1\times 2^0 + 1\times 2^{-1} + 1\times 2^{-2}$
$= 16+4+2+1+0.5+0.25$
$= 23.75$

即（10111.11）B=(23.75)D

② $5A.8H = 5\times 16^1 + 10\times 16^0 + 8\times 16^{-1}$
$= 80+10+0.5$
$= 90.5$

即：5A.8H=（ 90.5 ）D

做一做：

① 1101101B=（ ？ ）D   ② 7CH=（ ？ ）D

（3）十进制数转换成二进制、十六进制数

十进制数转换为二进制、十六进制数，其整数转换与小数转换的规则不同，需要分开进行转换。十进制整数转换为二进制（或十六进制数）整数，采用除 2（或除 16）取余倒序排列法。即将十进制数的商反复整除以 2（或除 16），直到商等于零为止，再把各次整除所得的余数从后往前连接起来，就可得到相应的二进制（或十六进制数）整数。

而十进制小数转换为二进制（或十六进制数）小数，采用乘 2（或乘 16）取整顺序排列法。

下面以整数为例说明。

【例 1-3】　① 23=(?) B　　② 188=(?) H

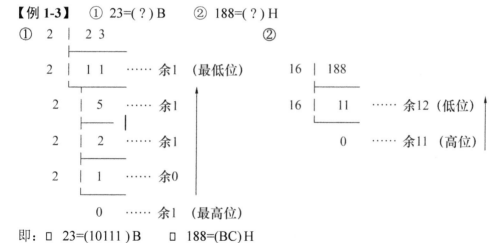

即：□ 23=(10111) B　　□ 188=(BC) H

做一做：

□ 74=(?)B　　□ 370=(?)H

温馨提示

综上所述可以看出，十进制数与二、十六进制数的互换一般要通过计算得到，比较麻烦，不过在计算机中可以用 Windows 系统自带的计算器方便地进行不同进制整数之间的转换，而在 C51 中经常用到的基本都是整数。

【例1-4】 AB89H转换为十进制=（ ? ），在图1-27科学型计算器模式下选中十六进制，并输入"AB89"，然后选中十进制就可看到相对应的十进制数了。

做一做：

① 十进制数218→（   ）H→（   ）B

② 11010110110B→十进制为（   ）

③ 6F7DH→十进制为（   ）

图1-27 科学型计算器

1.3.1.3 十六进制的加减运算

遵循"逢16进1，借1当16"的基本规则

【例1-5】 ① 4AH+78H=（ C2 ）H　　　　② E5H－37H=（ AE ）H

做一做：

① 8A7H+579H=（   ）H　　② D5BH-7AEH=（   ）H

1.3.2　C程序基本结构

C程序的基本结构可分为顺序程序、分支程序和循环程序。顺序程序中的各语句是自上而下依次执行，分支程序是要根据具体情况来决定执行的路线，而循环程序则是要对某一程序段反复执行若干次。

1.3.2.1 分支程序设计

分支程序是根据条件语句（分支语句）的真或假来选择执行某条语句，在C语言中构成分支的语句有if语句和switch语句。

（1）if语句

if语句有3种格式（表1-12）。

表1-12 if语句格式

格　式	语　　　句	功　　能
格式1	if（条件表达式）语句	若表达式的结果为真则执行语句，否则跳过
格式2	if（条件表达式）语句1 else 语句2	若表达式的结果为真则执行语句1，否则执行语句2

续表

格 式	语 句	功 能
格式3	if（条件表达式1）语句1 else if（表达式2）语句2 …… else if（表达式m）语句m else 语句n	若表达式1的值为真则执行语句1，否则若表达式2的值为真则执行语句2，……依次判断，所列出的条件均不满足则执行语句n

温馨提示

语句可以是用一对花括号括起来的一组复合语句，或是另一个if语句。

【例1-6】 登记成绩时要把百分制折算成等级制，现要求把某同学的分数fs折算成对应的等级dj，规则为：大于等于90分为A（优）、小于90而大于等于75为B（良好）、小于75而大于等于60为C（及格）、小于60为D（不及格），运行结果同时反映在A、B、C、D四盏灯上，如图1-28。

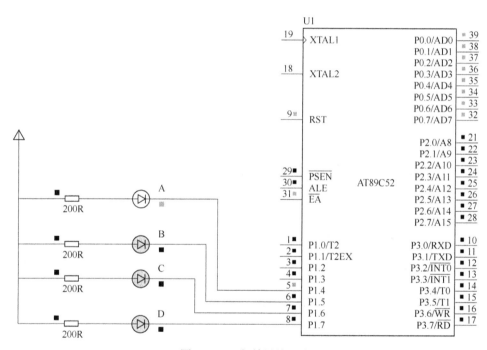

图1-28 运行结果的反映

现给定设计电路"proj3_1.DSN"，试编写程序并在Proteus上仿真运行。

对应的程序如下表左边所示，同时请用格式1重写程序并填写在下表的右边。

采用格式3程序（1x3_1.c）	请用格式1重写并编译、仿真运行

`#include <REG52.H>`
`#define  uchar unsigned char`
`sbit leda=P1^4;sbit ledb=P1^5;`
`sbit ledc=P1^6;sbit ledd=P1^7;`
`uchar dj,fs=92;`
`main()         //主函数`	

```
{
    if(fs>=90 )
    { //对应等级A
        dj='A';
        leda=0;
        ledb=ledc=ledd=1;
    }
    else if(fs>=75)
    { //对应等级B
        dj='B';
        ledb=0;
        leda=ledc=ledd=1;
    }
    else if(fs>=60)
    { //对应等级C
        dj='C';
        ledc=0;
        ledb=leda=ledd=1;
    }
    else
    { //对应等级D
        dj='D';
        ledd=0;
        ledb=ledc=leda=1;
    }
    while(1);
}
```

对某一特定的数据程序的运行结果是对的，能否就说明程序是正确的呢？

温馨提示

一般说还不能马上断定。原则上应该让程序在所有不同的分支上都执行过一遍且结果是对的才能说明程序基本是正确的。如本例中，应该让分数 fs 的值分别落在不同的范围（含边界上）并分别编译运行程序，如果对应的结果都是对的那就可以说本程序是正确的。

请对用格式 1 改写的程序分别设置 fs 的值为 90、80、75、63、42，再依次编译、运行程序，以检验程序的正确性。

（2）switch 语句

对多分支的处理 switch 语句比 if 语句的嵌套具有更好的可读性，其形式如下：

```
switch（表达式）
{
    case 常量表达式1：语句1 ;break;
    case 常量表达式2：语句2 ;break;
    case 常量表达式3：语句3 ;break;
    …….
    case 常量表达式m：语句m ;break;
    default：语句n
}
```

例 1-7 用 switch 语句改写上面程序

```c
// lx3_2.c
#include <REG52.H>
#define  uchar unsigned char
sbit leda=P1^4;sbit ledb=P1^5;
sbit ledc=P1^6;sbit ledd=P1^7;
uchar dj,fs=59;
main()              //主函数
{
    switch(fs/5)  //每5分一个段
    {
        case 20: //对应分数100
        case 19://对应分数（100-95]
        case 18://对应分数（95-90]
        { //对应等级A
          dj='A';
          leda=0;
          ledb=ledc=ledd=1;
          break;
        }
        case 17://对应分数（90-85]
        case 16://对应分数（85-80]
        case 15://对应分数（80-75]
        { //对应等级B
          dj='B';
          ledb=0;
          leda=ledc=ledd=1;
          break;
        }
        case 14: //对应分数（75-70]
        case 13: //对应分数（70-65]
        case 12: //对应分数（65-60]
        { //对应等级C
          dj='C';
          ledc=0;
          ledb=leda=ledd=1;
          break;
        }
        default:
        {
          //其余的就是小于60分的,对应等级D
          dj='D';
          ledd=0;
          ledb=ledc=leda=1;
        }
    }
    while(1);
}
```

从本例来讲用 switch 语句还显得更麻烦一些，不过若同学们能仔细分析或对本例进行讨论，它必将有助于对 switch 语句的理解。

1.3.2.2 循环程序设计

循环是反复执行某一部分程序段的操作，在 C51 中构成循环控制的语句有 while、do-while、for 等语句。

（1）while 语句

在之前所介绍的各程序中基本都有用到 while 语句，说明此语句在 C51 中的重要性。while 语句的一般形式为：

　　while(表达式)　语句

其中表达式是循环条件，语句为循环体。while 语句的语义是：计算表达式的值，当值为真（非 0）时执行循环体语句，否则退出 while 循环，如图 1-29 所示。

例如：

```
unsigned  char  i=50 ;
```

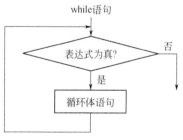

图 1-29　while 语句

```
unsigned int sum ;
while(i--)
    sum=sum+i;
```
本例程序将执行 50 次循环，i 从 50 开始每执行一次，i 值减 1 直到 0 为止。最后 sum=50 × (1 + 50) /2 = 1275。

温馨提示

> 对 while(1)之类的循环语句，因其循环条件为永真，所以一般需要在循环体内用 if 语句加以判断，满足一定条件时执行。break 语句才能退出循环。

本例中变量 sum 若定义成 unsigned char 数据类型会有什么结果呢？

（2）do—while 语句

do—while 语句一般形式为：

```
do
    {语句}
while(表达式);
```

其中表达式是循环条件，语句为循环体。do—while 语句的特点是先执行循环体，然后再判断循环条件是否成立，当循环条件为真（非 0）时继续执行循环体语句，否则退出循环执行 while 后续语句，如图 1-30 所示。

修改上例如下：

```
unsigned char  i=50 ;
unsigned int sum ;
do
    sum=sum+i;
while(--i);
```

本例程序同样执行 50 次循环，结果与上述相同。

（3）for 语句

for 语句一般形式：

```
for（循环变量初值；循环条件；循环变量增值)
    语句
```

其执行过程如图 1-31 所示：

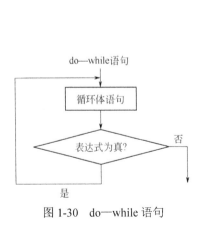

图 1-30 do—while 语句

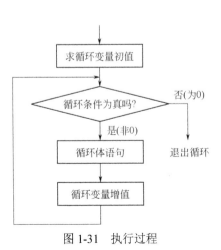

图 1-31 执行过程

例如：
```
unsigned char  i;
unsigned int sum ;
for(i=1;i<=50;i++)
    sum=sum+i;
```

其中的"i=1"是给循环变量 i 设置为 1，"i<=50"是指定循环条件：当循环变量 i 的值小于或等于 50 时，循环继续进行。"i++"的作用是使循环变量 i 的值不断变化，以便最终满足终止循环的条件，使循环结束。本例的结果与上例相同。

前面已提到，任务 1.3 中的程序有许多的重复，下面就对主函数进行简化，主函数改写方法之一如下，请对源程序修改后再运行：

```
main()           //主函数
{   unsigned char k , t ;  //定义 2 个无符号的字符型变量
    while(1)
    {
       k=0x01;          //k 初值为 0000  0001
        for(t=0;t<8;t++)  //循环 8 次
        {
          LED= ~k;      //k 按位取反后赋给 LED，每次只有一位为低电平
          delay();
          k=k<<1;       //k 向左移一位，k 每次只有一位为 1
        }
    }
}
```

（4）break 与 continue 语句

break 语句的作用是用于强行退出循环体，其格式为：

break;

continue 语句的作用是结束本次循环，即跳过循环体中下面的语句，并跳转到下一次循环周期。

其格式为：

continue;

break 与 continue 语句的区别是：continue 语句只结束本次循环，而不是终止整个循环的执行，而 break 语句则是结束整个循环过程，续而执行循环的后继语句。

思考与练习

【实战提高】

以任务 1.3 设计电路"proj3.DSN"为依据，完成下列任务：画出程序流程图、编写程序、编译和仿真运行。

① 设计流水灯：程序刚运行时灯全灭，然后 D1 亮、D1D2 亮、D1D2D3 亮、…8 只灯全亮，最后全灭，再从头开始并不断循环。

② 让 8 只 LED 灯自上而下亮一轮，然后自下而上亮一轮，然后全灭、再全亮，再从头开始并不断重复。

③ 自行设计不同的流动方式，任务自编，每组不少于 2 种方案，再根据自拟的任务进行编程、编译和仿真运行。

方案 A——任务描述：

方案 B——任务描述：

【巩固复习】

（1）填空题

① 结构化程序设计的三种基本结构是（　　　）、（　　　）和（　　　）。

② While 语句与 do—while 语句的区别在于：While 语句是（　　　　），而 do—while 语句（　　　　）。

③ 采用手工方法完成下面进制间的转换，再用 Windows 系统自带的计算器进行验证。
　　134=（　　　）B=（　　　）H　　1ADH=（　　　）D
　　11010101B=（　　　）D =（　　　）H　　1ADH=（　　　）B

④ 下列程序段共执行循环（　　）次，循环结束后变量 s 的值为（　　）
```
unsigned char  i;int s=0;
for(i=1;i<20;i++)
{
    s=s+i;
    if (s>20)
    break;
}
```

⑤ 下列程序段共执行循环（　　）次，循环结束后变量 s 的值为（　　）
```
unsigned char  i=0;int s=0;
do
{
    i=i+2;
    s=s+i;
}while(i<20);
```

⑥ 下列程序段执行后变量 dj 的值为（　　　）
```
char fs=92,dj;
if(fs>=90 ) dj='A';
if(fs>=75) dj='B';
if(fs>=60) dj='C';
else dj='D';
```

（2）选择题

① 以下描述正确的是（　　）。
　　A．可以在循环体内和 switch 语句中使用 break 语句
　　B．Continue 语句的作用是结束整个循环的执行
　　C．在循环体内使用 continue 与 break 语句的作用相同
　　D．break 语句的作用是结束主程序的执行

② 在 C51 语言中，当 do—while 语句中的条件为（　　）时，结束循环。
　　A．0　　　　　　B．false　　　　C．true　　D．非 0

③ 下列 3 个数中最大的是（　　），最小的是（　　）
　　A．10110101B　　B．B6H　　C．180

【考核与评价】

评价项目	评价内容	分值	自我评价	小组评价	教师评价	得分
技能目标	① 能完成本任务	20				
	② 能编写简单 C51 程序	10				
	③ 会测试程序的正确性	10				
知识目标	① 能掌握不同进制间的转换	10				
	② 能领会 C51 程序基本结构	20				
情感态度	① 出勤情况	5				
	② 纪律表现	5				
	③ 作业情况	10				
	④ 团队意识	10				
总分		100				

项目 2

交通灯控制

项目情境描述

眼看十字路口的车流量越来越多,该如何来保证车辆有序地通过十字路口呢?那就给它装上交通控制灯吧。

任务 2.1 简易交通灯控制

任务描述:在夜间十字路口的南北、东西向均以黄灯闪烁提醒来往车辆小心通过;在白天主干道南北向和支道东西向的车辆则以一定的时间间隔分时通过,描述如下:

状态		主道(南北方向)			支道(东西方向)			说　明
		红灯	黄灯	绿灯	红灯	黄灯	绿灯	
白天	状态1	灭	灭	亮	亮	灭	灭	主道通行,支道禁行,约30s
	状态2	灭	亮	灭	亮	灭	灭	主道警告,支道禁行,约4s
	状态3	亮	灭	灭	灭	灭	亮	主道禁行,支道通行,约15s
	状态4	亮	灭	灭	灭	亮	灭	主道禁行,支道警告,约4s
晚	状态5	灭	闪	灭	灭	闪	灭	开关S1闭合时为夜间状态

能力培养目标

① 会设计交通灯控制电路。
② 会编写简易交通灯控制程序。
③ 掌握 C51 函数的编写及调用。
④ 能领会 C51 变量的作用范围。

学习组织形式

采取以小组为单位互助学习,有条件的每人一台电脑,条件有限的可以两人合用一台电脑。用仿真实现所需的功能后如果有实物板(或自制硬件电路)可把程序下载到实物上再运行、调试,学习过程鼓励小组成员积极参与讨论。

（1）创建硬件电路

对于普通路段的交通灯控制，南北方向的信号灯显示状态是一样的，所以南与北方向上的 6 个指示灯只需用 3 根端口控制线，同样地，东西方向上的 6 个指示灯也只需用 3 根端口控制线。

电路设计如图 2-1 所示。

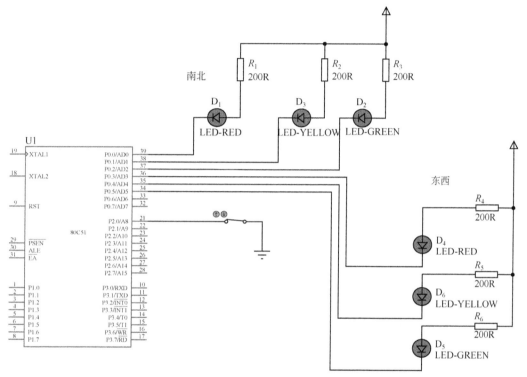

图 2-1 简易交通灯控制电路

说明：图中开关"sw"打开代表白天状态、闭合代表夜间状态。

实现此功能的系统元器件清单如表 2-1 所示。

表 2-1 简易交通灯控制系统元器件清单

元器件名称	参　　数	数　　量	元器件名称	参　　数	数　　量
电解电容	22μF	1	IC 插座	DIP40	1
瓷片电容	30pF	2	单片机	89C51	1
晶体振荡器	12MHz	1	电阻	200Ω	6
弹性按键		1	发光二极管		6
电阻	1kΩ	1	开关		1

注：表中灰色底纹部分为系统时钟与复位电路所需的元器件，在图 2-1 中未画出，参见图 1-1。

（2）程序编写

① 程序流程如图 2-2 所示。

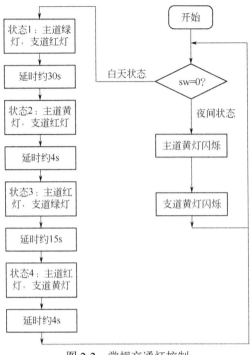

图 2-2　常规交通灯控制

② 编写程序如下：

行号	程序
01	/*proj4.c*/
02	#include <REG51.H>
03	#include <INTRINS.H>
04	#define uchar unsigned char
05	#define uint unsigned int
06	sbit SNred=P0^0;　　//南北向红灯
07	sbit SNyellow=P0^1; //南北向黄灯
08	sbit SNgreen=P0^2;　//南北向绿灯
09	sbit EWred=P0^3;　　//东西向红灯
10	sbit EWyellow=P0^4; //东西向黄灯
11	sbit EWgreen=P0^5;　//东西向绿灯
12	sbit sw=P2^0;　　　　//开关
13	void daytime();//白天模式函数说明
14	void eveing(); //夜间模式函数说明
15	void ys(uint k)　//延时约为(0.1*k)s
16	{
17	unsigned int i;
18	while(k--)
19	for(i=0;i<8500;i++);//延时约0.1s
20	}
21	main()　　　　　//主函数

```
22  {
23      while(1)
24    {
25          if(sw) daytime(); //开关断开为白天模式
26          else eveing();    //开关闭合为夜间模式
27    }
28  }
29  void daytime()   //定义白天模式函数
30  {
31          //状态1：主道通行，支道禁行，维持约30s
32          SNred=1;SNyellow=1;SNgreen=0;
33          EWred=0;EWyellow=1;EWgreen=1;
34          ys(300);
35          //状态2：主道警告，支道禁行，维持约4s
36          SNred=1;SNyellow=0;SNgreen=1;
37          EWred=0;EWyellow=1;EWgreen=1;
38          ys(40);
39          //状态3：主道禁行，支道通行，维持约15s
40          SNred=0;SNyellow=1;SNgreen=1;
41          EWred=1;EWyellow=1;EWgreen=0;
42          ys(150);
43          //状态4：主道禁行，支道警告，维持约4s
44          SNred=0;SNyellow=1;SNgreen=1;
45          EWred=1;EWyellow=0;EWgreen=1;
46          ys(40);
47  }
48  void eveing()    //定义夜间模式函数
49  {
50          SNred=1;SNgreen=1;   //南北向红灯、绿灯全灭
51          EWred=1;EWgreen=1;   //东西向红灯、绿灯全灭
52          //南北、东西向黄灯以2秒间隔亮一次、灭一次
53          SNyellow=EWyellow=0;
54          ys(20);
55          SNyellow=EWyellow=1;
56          ys(20);
57  }
58
```

③ 程序说明
- 06～12行：定义南北、东西向6个指示灯及一个控制开关。
- 13、14行：为函数说明。注意：函数说明最后要加";"。
- 15～20行：为带参数的延时函数，因延时时间范围比较大，函数体由两重循环实现。

温馨提示

本任务对延时时间并不作精确的要求，不过通过改变相关的参数可以调整延时的时间到一个预定值（下面将介绍如何测试延时时间）。而延时时间的精确设置只能通过后续介绍的定时器实现。

- 21~28 行为主函数，由于白天模式与夜间模式的工作过程分别定义成了函数，所以主函数就非常简单——开关打开则调用白天模式函数、开关闭合则调用夜间模式函数。
- 29~47 行：白天模式的函数定义，其函数体按白天模式的四种状态依次执行。
- 48~57 行：夜间模式的函数定义，其函数体按夜间模式的两种状态依次执行。

（3）创建程序文件并生成.HEX 文件

打开 MEDWIN，新建项目文件"P4"，创建程序文件"Proj4.C"，输入上述程序，然后按工具栏上的"产生代码并装入"按钮（或按 CTRL+F8），如果编译发现错误需对程序进行修改，直到编译成功，此时将在对应任务文件夹的 OUTPUT 子目录中生成目标文件"P4.HEX"。

温馨提示

在 Medwin 环境下仿真运行程序，可以查看各语句的执行时间、变量执行过程的中间值等。下面就以如何让延时函数中第 19 行循环语句的延时时间调整到 0.1s 左右为例进行说明。

① 首先要为能仿真运行及显示执行时间进行设置（设置一次后系统将会保留这些设置），步骤如下。

- 在 Medwin 的工具栏的空白处右击鼠标，在弹出的快捷菜单中选中"时间"，如图 2-3 所示。一旦设置好后，之后程序的执行过程将会在工具栏上显示相应的执行时间。

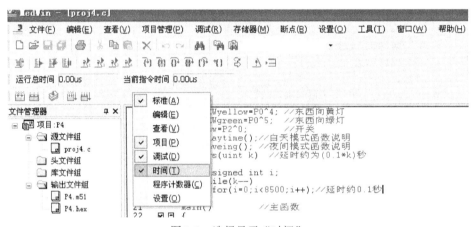

图 2-3　选择显示"时间"

- 设置设备驱动管理器：打开"设置"菜单，选择"设备驱动管理器"如图 2-4 所示，之后将出现如图 2-5 所示的设备驱动管理器选择界面。

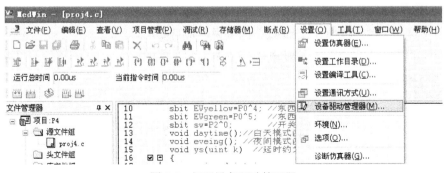

图 2-4　打开设备驱动管理器

- 在图 2-5 中选择"80C51 Simulator Driver",然后单击确定。

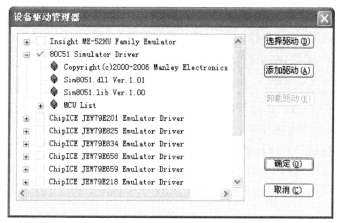

图 2-5 选择设备驱动方式

② 在程序编译成功后,即可进行调试运行。打开"调试"菜单,如图 2-6 所示。

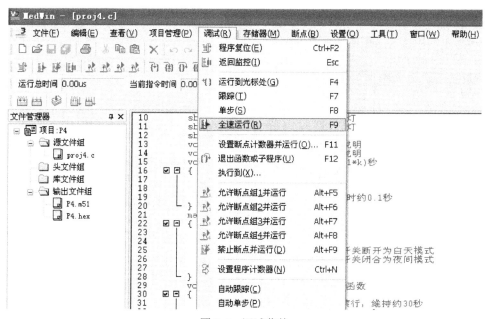

图 2-6 调试菜单

为了跟踪程序的运行,在此宜选择"单步"或"跟踪"功能项,请记住它们的快捷键分别是"F8"和"F7"。

按功能键 F8 一次,程序从主函数 main( )开始执行一条语句并停在下一条待执行的语句上,如图 2-7 箭头所示。

图 2-7 单步执行

温馨提示

单步执行与跟踪执行对一般的语句来讲其作用是相同的。但对函数则完全不同,单步执行把函数视为一个完整体执行一次将执行一个完整的函数,而跟踪执行将进入函数体内执行。

接着按功能键 F7 一次,此时将跟踪进入 daytime( )函数体内(因为复位后默认各端口的信号为高电平"1"),接着按 F8 单步执行,每执行一次都可以在工具栏上看到对应语句执行的时间。当执行完第 34 行函数 ys(300)语句的调用后,即可从"当前指令时间"框中看到本函数语句执行的时间约为 30.6s,如图 2-8 所示。说明执行 ys(1)的话约为 0.1s。反过来可以根据执行的时间来调整第 19 行语句"for(i=0;i<8500;i++);"中循环的终值,以达到预期的目的。

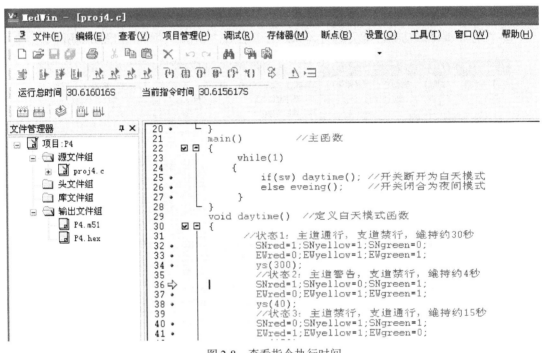

图 2-8 查看指令执行时间

温馨提示

调用延时函数 ys(t),实际上就是执行 t 次"for(i=0;i<8500;i++);"循环,所以把执行 ys(t)所用的时间除以 t 即为"for(i=0;i<8500;i++);"循环语句一次所需的时间。

(4)运行程序观察结果

在 Proteus 中打开任务 2.1 设计电路"proj4.DSN",把已编译所生成的"P4. HEX"文件下载到单片机中,再运行并观察结果。

如果有实物板可把程序下载到实物上再运行、调试。也可以根据图 2-1 与表 2-1 提供的原理图与器件清单在万能板上搭出电路后再把已编译所生成的 HEX 文件下载到单片机中。

然后再调试运行。

想一想：

按下开关或把开关断开时为什么灯的状态没跟着马上变化呢？

2.1.1 C51函数

前已述及，C源程序是由函数组成的，函数是C源程序的基本模块，通过对函数的调用实现特定的功能。可以说C程序的全部工作都是由各式各样的函数完成的，所以也把C语言称为函数式语言。由于采用了函数模块式的结构，C语言易于实现结构化程序设计，使程序的层次结构清晰，便于程序的编写、阅读、调试。

C51中的函数相当于其他高级语言的子程序。C51不仅提供了一些现成的库函数（如头文件MATH.H、STRING.H、STDIO.H中对应的函数)，还允许用户自己定义建立函数，然后就可以用调用库函数的方法来使用这些自定义函数。

从函数定义的角度看，函数可分为库函数和用户定义函数两种。①库函数：由C系统提供，用户无须定义，也不必在程序中作类型说明，只需在程序前包含有该函数原型的头文件即可在程序中直接调用；②用户定义函数：由用户按需要写的函数。对于用户自定义函数，不仅要在程序中定义函数本身，而且在主调函数模块中往往还必须对该被调函数进行类型说明，然后才能使用。

每个C程序的执行都是从主函数main()开始，main()函数可以调用其他函数，这些函数执行完毕后程序的控制又返回到main()函数中，但main()函数不能被别的函数所调用。通常把这些被调用的函数称为下层函数。函数调用发生时，立即执行被调用的函数，而调用者则进入等待状态，直到被调用函数执行完毕。

对C51而言函数是极为重要的，可以说一个程序的优劣集中体现在函数上。如果函数使用的恰当，可以让程序看起来有条理、容易看懂，相反程序就会显得很乱，不仅让别人难以看明白，就连自己也容易晕头转向。

2.1.1.1 C51函数的定义与调用

（1）函数的定义

一个函数包括函数头和语句体两部分。

函数头由下列三部分组成：函数返回值类型、函数名和参数表

一个完整的函数应该是这样的：

函数返回值类型 函数名(参数表)
{
    语句体；
}

函数返回值类型可以是前面说到的某个数据类型。

函数名在程序中必须是唯一的，它也遵循标识符命名规则。

参数表可以没有也可以有多个，在函数调用的时候，实际参数将被传递到这些变量中。语句体包括局部变量的声明和可执行代码。

 **温馨提示**

从函数是否有返回值来看，可把函数分为有返回值函数和无返回值函数两种。①有返回值函数：此类函数被调用执行完后将向调用者返回一个执行结果，称为函数返回值。如数学函数即属于此类函数。由用户定义的这种要返回函数值的函数，必须在函数定义和函数说明中明确返回值的类型；②无返回值函数：此类函数用于完成某项特定的处理任务，执行完成后不向调用者返回函数值。这类函数类似于其他语言的过程。由于函数无须返回值，用户在定义此类函数时可指定它的返回为"空类型"，空类型的说明符为"void"。（如之前所定义的函数）

从主调函数和被调函数之间数据传送的角度看函数又可分为无参函数和有参函数两种。①无参函数：函数定义、函数说明及函数调用中均不带参数。主调函数和被调函数之间不进行参数传送。此类函数通常用来完成一组指定的功能，可以返回或不返回函数值；②有参函数：也称为带参函数。在函数定义及函数说明时都有参数，称为形式参数（简称为形参）。在函数调用时也必须给出参数，称为实际参数（简称为实参）。进行函数调用时，主调函数将把实参的值传送给形参，供被调函数使用。形参必须是变量而实参可以是表达式，但对应的数据类型必须一致。

例如，定义一个函数，用于求两个数中的大数，可写为：
```
int max(int a,int b)
{
    int temp1;
    if(a>b) temp1=a;
    else temp1=b;
    return temp1;
}
```

第一行说明 max 函数是一个整型函数，其返回的函数值是一个整数。形参 a,b 均为整型量，在{}中的函数体内，首先对 temp1 作变量类型说明，在 max 函数体中的 return 语句是把 a（或 b）的大数作为函数的值返回给主调函数。有返回值函数中至少应有一个 return 语句。在 C 程序中，一个函数的定义可以放在任意位置，既可放在主函数 main 之前，也可放在 main 之后。

（2）函数的声明和调用

为了调用一个函数，必须事先声明该函数的返回值类型和参数类型，这和使用变量的道理是一样的，如本任务中源程序的第 13 和 14 行——void daytime();与 void eveing();

 **温馨提示**

如果函数的定义在调用之前，则可以不作函数声明。（如之前各任务中的延时函数）

C51 中函数调用的一般形式为：

函数名(实际参数表)

对无参函数调用时则无实际参数表。实际参数表中的参数可以是常数、变量或表达式。各实参之间用逗号分隔。在 C 语言中，可以用以下几种方式调用函数。

① 函数表达式。

函数作表达式中的一项出现在表达式中，以函数返回值参与表达式的运算。这种方式要求函数是有返回值的。例如：z=max(x,y)是一个赋值表达式，把 max 的返回值赋予变量 z。

② 函数语句。

函数调用的一般形式加上分号即构成函数语句。（如之前各任务中延时函数的调用就是以函数语句的方式调用的）

③ 函数实参。

函数作为另一个函数调用的实际参数出现。这种情况是把该函数的返回值作为实参进行传送，因此要求该函数必须是有返回值的。例如： t=max(x,max(y,z))；即是把 max 调用的返回值又作为 max 函数的实参来使用的。

【例 2-1】 创建一个源程序，能够通过函数调用求两个数中的大数。

程序如下：

行号	程序
01	/*test4.c*/
02	int max(int a,int b);
03	void main()
04	{
05	int x=10,y=20,z;
06	z=max(x,y);
07	while(1);
08	}
09	int max(int a,int b)
10	{
11	int temp1;
12	if(a>b) temp1=a;
13	else temp1=b;
14	return temp1;
15	}

通过本例可以从函数定义、函数说明及函数调用的角度来分析整个程序，从中进一步了解函数的各种特点。程序的第 1 行为注释，第 2 行先对 max 函数进行说明（因为在主函数中要调用 max 函数，而 max 函数的定义在后，所以必须先声明）。程序第 06 行调用 max 函数，并把 x、y 的值顺序传送给 max 的形参 a、b。max 函数执行的结果（a 与 b 的大数）将返回给变量 z。第 09 行到 15 行为 max 函数定义。

温馨提示

函数说明与函数定义中的函数头部分相同，但是函数说明末尾要加分号。

试一试：

请大家打开 Medwin，新建一个项目并创建上述的"test4.c"程序，然后编译。编译成功后请大家一起试着在 Medwin 环境下进行仿真调试，通过单步或跟踪运行以查看程序执行过程中的各变量取值变化情况，以学习程序调试的基本手段和方法。

首先从 Medwin 的主窗口中打开"查看"菜单，选择"观察窗口"下的"观察窗口 1"，并在如图 2-9 所示右下角选中"观察窗口 1"，并通过点击"点击输入表达式"输入如图 2-9 所示的各变量（变量以几进制显示可以从右边的格式下拉框中选择），然后通过单步或跟踪执行即可看到对应变量或表达式值的变化。

图 2-9 观察变量值

2.1.1.2 C51 函数的参数和函数的值

（1）函数的参数

前面已经介绍过，函数的参数分为形参和实参两种。那形参、实参两者之间有何关系呢？形参出现在函数定义中，在整个函数体内都可以使用，离开该函数则不能使用。实参出现在主调函数中，进入被调函数后，实参变量也不能使用。形参和实参的功能是作数据传送。发生函数调用时，主调函数把实参的值传送给被调函数的形参从而实现主调函数向被调函数的数据传送。

函数的形参和实参具有以下特点。

① 形参变量只有在被调用时才分配内存单元，在调用结束时，即刻释放所分配的内存单元。因此形参只有在函数内部有效。函数调用结束返回主调函数后则不能再使用该形参变量。

② 实参可以是常量、变量、表达式、函数等，无论实参是何种类型的量，在进行函数调用时，它们都必须具有确定的值，以便把这些值传送给形参。因此应预先用赋值、输入等办法使实参获得确定值。

③ 实参和形参在数量上、类型上、顺序上应严格一致，否则会发生"类型不匹配"的错误。

④ 函数调用中发生的数据传送是单向的。即只能把实参的值传送给形参，而不能把形参的值反向地传送给实参。因此在函数调用过程中，形参的值发生改变，而实参中的值不会变化。

（2）函数的值

函数的值是指函数被调用之后，执行函数体中的程序段所取得的并返回给主调函数的值。如调用 max 函数取得大数值。对函数返回值的说明：

① 函数的值只能通过 return 语句返回主调函数。return 语句的一般形式为：

return 表达式;

或者为：

return (表达式);

该语句的功能是计算表达式的值，并返回给主调函数。在函数中允许有多个 return 语句，但每次调用只能有一个 return 语句被执行，因此只能返回一个函数值。

② 函数值的类型和函数定义中函数的类型应保持一致。如果两者不一致，则以函数类型为准，自动进行类型转换。

③ 如函数值为整型，在函数定义时可以省去类型说明。

④ 不返回函数值的函数，可以明确定义为"空类型"，类型说明符为"void"。

一旦函数被定义为空类型后，就不能在主调函数中使用被调函数的函数值了。为了使程序有良好的可读性并减少出错，凡不要求返回值的函数都应定义为空类型。在主调函数中调用某函数之前应对该被调函数进行说明，这与使用变量之前要先进行变量说明是一样的。在主调函数中对被调函数作说明的目的是使编译系统知道被调函数返回值的类型，以便在主调函数中按此种类型对返回值作相应的处理。

函数说明一般形式为：

类型说明符 被调函数名(类型 形参，类型 形参...);

C 语言中不允许作嵌套的函数定义。但是允许在一个函数的定义中出现对另一个函数的调用。这样就出现了函数的嵌套调用。即在被调函数中又调用其他函数。这与其他语言的子程序嵌套的情形是类似的。

2.1.2 变量的作用域

形参变量只在被调用期间才分配内存单元，调用结束立即释放。这一点表明形参变量只有在函数内才是有效的，离开该函数就不能再使用了。这种变量有效性的范围称变量的作用域。不仅对于形参变量，C 语言中所有的量都有自己的作用域。变量说明的方式不同，其作用域也不同。C 语言中的变量，按作用域范围可分为两种，即局部变量和全局变量。

2.1.2.1 局部变量和全局变量

（1）局部变量

局部变量也称为内部变量。局部变量是在函数内作定义说明的。其作用域仅限于函数内，离开该函数后再使用这种变量是非法的。下面是有关局部变量作用域的几点说明。

① 主函数中定义的变量也只能在主函数中使用，不能在其他函数中使用。同时，主函数中也不能使用其他函数中定义的变量。因为主函数也是一个函数，它与其他函数是平行关系。这一点是与其他语言不同的，应予以注意。

② 形参变量是属于被调函数的局部变量，实参变量是属于主调函数的局部变量。

③ 允许在不同的函数中使用相同的变量名，它们代表不同的对象，分配不同的单元，互不干扰，也不会发生混淆。

④ 在复合语句中也可定义变量，其作用域只在复合语句范围内。

（2）全局变量

全局变量也称为外部变量，它是在函数外部定义的变量。它不属于哪一个函数，它属于一个源程序文件。其作用域是整个源程序。在函数中使用全局变量，一般应作全局变量说明。只有在函数内经过说明的全局变量才能使用。全局变量的说明符为 extern。但在一个函数之前定义的全局变量，在该函数内使用可不再加以说明。

下面是有关全局变量的几点说明：

① 外部变量定义必须在所有的函数之外，且只能定义一次。其一般形式为：

[extern] 类型说明符 变量名，变量名…（其中方括号内的 extern 可以省去不写）

例如：int a,b;   等效于：extern int a,b;

外部变量定义可作初始赋值，在定义时就已分配了内存单元。

② 外部变量可加强函数模块之间的数据联系，但是又使函数要依赖这些变量，因而使得函数的独立性降低。从模块化程序设计的观点来看这是不利的，因此在不必要时尽量不要使用全局变量。

③ 在同一源文件中，允许全局变量和局部变量同名。此时在局部变量的作用域内，全局变量不起作用。

试一试：

对例 2-1 中的程序请再次用单步方式执行并注意观察变量 x,y,z,a,b,temp1 等在 main( )函数和 max( )函数中的变化情况。然后把主函数中 04 行语句 "int x=10,y=20,z;" 移到主函数之前，再编译、单步运行程序，注意观察移动前后各变量在不同函数体内的不同。

2.1.2.2 变量的存储类型

各种变量的作用域不同，就其本质来说是因变量的存储类型相同。所谓存储类型是指变量占用内存空间的方式，也称为存储方式。

变量的存储方式可分为"静态存储"和"动态存储"两种。

静态存储变量通常是在变量定义时就分配存储单元并一直保持不变，直至整个程序结束。而动态存储变量是在程序执行过程中，使用它时才分配存储单元，使用完毕立即释放。典型的例子是函数的形式参数，在函数定义时并不给形参分配存储单元，只是在函数被调用时，才予以分配，调用函数完毕立即释放。如果一个函数被多次调用，则反复地分配、释放形参变量的存储单元。也即静态存储变量是一直存在的，而动态存储变量则时而存在时而消失。我们又把这种由于变量存储方式不同而产生的特性称变量的生存期。生存期表示了变量存在的时间。生存期和作用域是从时间和空间这两个不同的角度来描述变量的特性，这两者既有联系，又有区别。一个变量究竟属于哪一种存储方式，并不能仅从其作用域来判断，还应有明确的存储类型说明。

在 C51 中，对变量的存储类型说明有以下四种：

```
auto         自动变量
register     寄存器变量
extern       外部变量
```

static 静态变量

自动变量和寄存器变量属于动态存储方式，外部变量和静态变量属于静态存储方式。在介绍了变量的存储类型之后，可以知道对一个变量的说明不仅应说明其数据类型，还应说明其存储类型。因此变量说明的完整形式应为：

存储类型说明符 数据类型说明符 变量名，变量名…；

下面就对以上四种存储类型作一简要介绍。

（1）自动变量

自动变量的类型说明符为 auto，这种存储类型是 C 语言程序中使用最广泛的一种类型。C 语言规定，函数内凡未加存储类型说明的变量均视为自动变量，也就是说自动变量可省去说明符 auto。在前面各程序中所定义的变量凡未加存储类型说明符的都是自动变量。

自动变量具有以下特点。

① 自动变量的作用域仅限于定义该变量的个体内。在函数中定义的自动变量，只在该函数内有效。在复合语句中定义的自动变量只在该复合语句中有效。

② 自动变量属于动态存储方式，只有在使用它，即定义该变量的函数被调用时才给它分配存储单元，开始它的生存期。函数调用结束，释放存储单元，结束生存期。因此函数调用结束之后，自动变量的值不能保留。在复合语句中定义的自动变量，在退出复合语句后也不能再使用，否则将引起错误。

③ 由于自动变量的作用域和生存期都局限于定义它的个体内（函数或复合语句内），因此不同的个体中允许使用同名的变量而不会混淆。

（2）外部变量

外部变量的类型说明符为 extern，外部变量特点如下。

① 外部变量和全局变量是对同一类变量的两种不同角度的提法。全局变量是从它的作用域提出的，外部变量从它的存储方式提出的，表示了它的生存期。

② 当一个源程序由若干个源文件组成时，在一个源文件中定义的外部变量在其他的源文件中也有效。

（3）静态变量

静态变量的类型说明符是 static。静态变量当然是属于静态存储方式，但是属于静态存储方式的量不一定就是静态变量，例如外部变量虽属于静态存储方式，但不一定是静态变量，必须由 static 加以定义后才能成为静态外部变量，或称静态全局变量。对于自动变量，前面已经介绍其属于动态存储方式。但是也可以用 static 定义它为静态自动变量，或称静态局部变量，从而成为静态存储方式。

也即一个变量可由 static 进行再说明，并改变其原有的存储方式。

静态局部变量

在局部变量的说明前再加上 static 说明符就构成静态局部变量。静态局部变量属于静态存储方式，它具有以下特点：

① 静态局部变量在函数内定义，但不像自动变量那样，当调用时就存在，退出函数时就消失。静态局部变量始终存在着，也就是说它的生存期为整个源程序。

② 静态局部变量的生存期虽然为整个源程序，但是其作用域仍与自动变量相同，即只能在定义该变量的函数内使用该变量。退出该函数后，尽管该变量还继续存在，但不能使用它。

③ 对基本类型的静态局部变量若在说明时未赋以初值，则系统自动赋予 0 值。而对自动变量不赋初值，则其值是不定的。根据静态局部变量的特点，可以看出它是一种生存期为整个源程序的量。虽然离开定义它的函数后不能使用，但如再次调用定义它的函数时，它又可继续使用，而且保存了前次被调用后留下的值。因此，当多次调用一个函数且要求在调用之间保留某些变量的值时，可考虑采用静态局部变量。虽然用全局变量也可以达到上述目的，但全局变量有时会造成意外的副作用，因此仍以采用局部静态变量为宜。

静态全局变量

全局变量（外部变量)的说明之前再冠以 static 就构成了静态的全局变量。全局变量本身就是静态存储方式，静态全局变量当然也是静态存储方式。这两者在存储方式上并无不同。这两者的区别虽在于非静态全局变量的作用域是整个源程序，当一个源程序由多个源文件组成时，非静态的全局变量在各个源文件中都是有效的。而静态全局变量则限制了其作用域，即只在定义该变量的源文件内有效，在同一源程序的其他源文件中不能使用它。由于静态全局变量的作用域局限于一个源文件内，只能为该源文件内的函数公用，因此可以避免在其他源文件中引起错误。从以上分析可以看出，把局部变量改变为静态变量后是改变了它的存储方式即改变了它的生存期。把全局变量改变为静态变量后是改变了它的作用域，限制了它的使用范围。因此 static 这个说明符在不同的地方所起的作用是不同的。应予以注意。

（4）寄存器变量

上述各类变量都存放在存储器内，因此当对一个变量频繁读写时，必须要反复访问内存储器，从而花费大量的存取时间。为此，C 语言提供了另一种变量，即寄存器变量。这种变量存放在 CPU 的寄存器中，使用时，不需要访问内存，而直接从寄存器中读写，这样可提高效率。寄存器变量的说明符是 register。对于循环次数较多的循环控制变量及循环体内反复使用的变量均可定义为寄存器变量。

对寄存器变量还要说明以下几点。

① 只有局部自动变量和形式参数才可以定义为寄存器变量。因为寄存器变量属于动态存储方式。凡需要采用静态存储方式的量不能定义为寄存器变量。

② 由于 CPU 中寄存器的个数是有限的，因此使用寄存器变量的个数也是有限的。

思考与练习

【实战提高】

以图 2-10 设计电路为依据（可直接在任务 2.1 所在目录下打开设计电路文件"proj4_2.DSN"），要求能模拟实现汽车转向灯的控制。请按表 2-2 所描述的功能完成下列任务：画出程序流程图、编写程序、编译和仿真运行。

表 2-2 汽车转向灯显示状态

转向灯显示状态		驾驶员发出的命令
左 转 灯	右 转 灯	
灭	灭	驾驶员未发出的命令
灭	闪烁	驾驶员发出右转命令
闪烁	灭	驾驶员发出左转命令
闪烁	闪烁	驾驶员发出急停命令

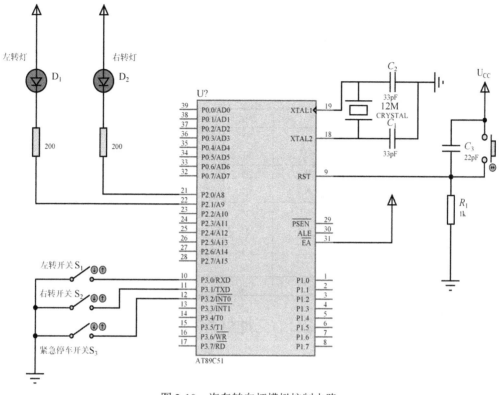

图 2-10 汽车转向灯模拟控制电路

【巩固复习】

(1) 填空题

① C 语言是由（　　　）组成的，所以也把 C 语言称为（　　　）语言。

② 在 C51 中如果要引用数学函数,则必须在程序开头加上宏命令（　　　）。

③ 在 C51 的函数定义中,函数值是通过语句（　　　）返回的。

④ 在 C51 中按变量的作用域范围可把变量分为（　　　）和（　　　）。

⑤ 在 C51 中按变量的存储方式可把变量分为（　　　）和（　　　）。

(2) 选择题

① 对于 C51 函数,以下描述不正确的是（　　　）。

　A. 实参可以是常量、变量或表达式

　B. 形参可以是常量、变量或表达式

　C. 实参与形参的个数必须一致

　D. 实参与形参对应位置的类型必须一致

② 在 C51 的主函数 main( ) 中定义的自动变量（　　　）。

　A. 只能在主函数中使用

　B. 可供本程序其他函数使用

　C. 可以被主函数和主函数调用的函数使用

　D. 以上都可以

③ C51 中除主函数外的函数（　　）
　　A．必须要有返回值
　　B．最多只能有一个返回值
　　C．可以有多个返回值

【考核与评价】

评价项目	评价内容	分值	自我评价	小组评价	教师评价	得分
技能目标	① 会设计交通灯控制电路	10				
	② 会编写交通灯控制程序	30				
知识目标	① 能掌握C51函数的编写及调用	20				
	② 能领会C51变量的作用范围	10				
情感态度	① 出勤情况	5				
	② 纪律表现	5				
	③ 作业情况	10				
	④ 团队意识	10				
总　分		100				

任务 2.2　交通灯综合控制

任务描述

以任务 2.1 为基础，增加一种紧急状态，即正常情况下在夜间十字路口的南北、东西向均以黄灯闪烁提醒来往车辆小心通过；在白天主干道南北向和支道东西向的车辆则以一定的时间间隔分时通过，但如果遇有紧急情况需要南北和东西向都亮红灯一定的时间，过后再恢复到原先的状态。描述如下：

状态		主道（南北方向）			支道（东西方向）			说　明
		红灯	黄灯	绿灯	红灯	黄灯	绿灯	
白天	状态1	灭	灭	亮	亮	灭	灭	主道通行，支道禁行，维持约30s
	状态2	灭	亮	灭	亮	灭	灭	主道警告，支道禁行，维持约4s
	状态3	亮	灭	灭	灭	灭	亮	主道禁行，支道通行，维持约15s
	状态4	亮	灭	灭	灭	亮	灭	主道禁行，支道警告，维持约4s
夜间		灭	闪	灭	灭	闪	灭	开关S1闭合
紧急状态		亮	灭	灭	亮	灭	灭	遇有紧急情况时进入此状态，假设此状态保持20s后恢复原状态

能力培养目标

① 会编写综合交通灯控制程序。
② 能掌握51单片机外部中断的使用。

学习组织形式

采取以小组为单位互助学习，有条件的每人一台电脑，条件有限的可以两人合用一台电脑。用仿真实现所需的功能后如果有实物板（或自制硬件电路）可把程序下载到实物上再运行、调试，学习过程鼓励小组成员积极参与讨论。

任务实施过程

（1）创建硬件电路

在任务 2.1 对应电路的基础上增加一个紧急按钮，按下此按钮要求系统立即进入紧急状态，为此要求把此按钮与外部中断输入端 INT0（或 INT1 相连）。

电路设计如图 2-11 所示。

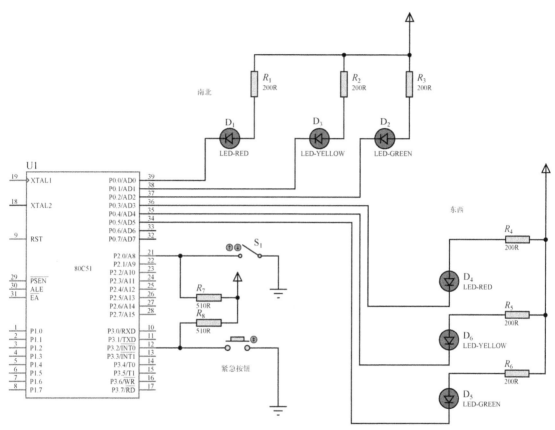

图 2-11　交通灯综合控制电路

说明：图中开关"s1"打开代表白天状态、闭合代表夜间状态。

实现此功能的系统元器件清单如表 2-3。

表 2-3　简易交通灯控制系统元器件清单

元器件名称	参　　数	数　　量	元器件名称	参　　数	数　　量
电解电容	22μF	1	IC 插座	DIP40	1
瓷片电容	30pF	2	单片机	89C51	1
晶体振荡器	12MHz	1	电阻	200Ω	8
弹性按键		1	发光二极管		6
电阻	1kΩ	1	开关		1
			按钮		1

注：表中灰色底纹部分为系统时钟与复位电路所需的元器件，在图 2-11 中未画出，参见图 1-1。

（2）程序编写

① 程序流程如图 2-12 所示。

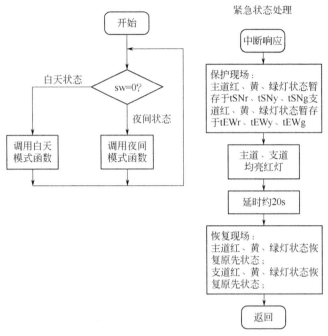

图 2-12 交通灯综合控制程序

② 编写程序如下：

行号	程序
01	/*proj5.c*/
02	#include <REG51.H>
03	#include <INTRINS.H>
04	#define uchar unsigned char
05	#define uint unsigned int
06	//定义6个临时变量以便紧急状态下暂存6个灯的状态
07	bit tSNr, tSNy,tSNg,tEWr,tEWy,tEWg;
08	sbit sw2=P3^2; //紧急按钮
09	sbit SNred=P0^0; //南北向红灯
10	sbit SNyellow=P0^1; //南北向黄灯
11	sbit SNgreen=P0^2; //南北向绿灯
12	sbit EWred=P0^3; //东西向红灯
13	sbit EWyellow=P0^4; //东西向黄灯
14	sbit EWgreen=P0^5; //东西向绿灯
15	sbit sw=P2^0; //开关
16	void daytime();//白天模式函数说明
17	void eveing(); //夜间模式函数说明(此两函数的定义请参见任务2.1)
18	void ys(uint k) //延时约为(0.1*k)s
19	{
20	unsigned int i;
21	while(k--)
22	for(i=0;i<8500;i++);//延时约0.1s
23	}
24	main() //主函数

25	{
26	IT0=1;//INT0 负跳变触发
27	EA=EX0=1;//开中断
28	while(1)
29	{
30	if(sw) daytime(); //开关断开为白天模式
31	else eveing(); //开关闭合为夜间模式
32	}
33	}
34	void int0() interrupt 0 //外部中断 0 函数
35	{
36	//保留现场
37	tSNr=SNred;tSNy=SNyellow;tSNg=SNgreen;
38	tEWr=EWred;tEWy=EWyellow;tEWg=EWgreen;
39	//进入紧急状态
40	SNred=0;SNyellow=1;SNgreen=1;
41	EWred=0;EWyellow=1;EWgreen=1;
42	ys(200);//紧急状态保持约 20s
43	//恢复现场
44	SNred=tSNr;SNyellow=tSNy;SNgreen=tSNg;
45	EWred=tEWr;EWyellow=tEWy;EWgreen=tEWg;
46	}

③ 程序说明：因白天模式函数 daytime()、夜间模式函数 eveing()与任务 2.1 中的完全相同，所以本程序略去了这两个函数的定义。下面主要说明与任务 2.1 中程序不同的部分。

- 07 行：定义 6 位变量，用于在紧急状态下暂存 6 个灯的状态，以便紧急状态结束能够从这 6 个变量中还原以返回到之前的状态。
- 定义紧急按钮位变量，对应 P3^2。

温馨提示

本任务用到了 P3 端口的第二功能。为了实现紧急按钮按下时能得到系统的立即响应最好的办法就是使用外部中断，P3^2 的第二功能即是外部中断 INT0 的输入端。

- 26 行：约定外部中断 0 触发的方式为负跳变触发。
- 27 行：允许外部中断 0 中断（EX0=1;），并打开中断允许总开关（EA=1;）。
- 34～46 为外部中断 0 中断函数。经过上面的设置后，当 P3^2 出现一个由高电平到低电平的跳变时系统即刻跳转到本函数执行。
- 37、38 行：分别把南北向当前指示灯的状态和东西向当前指示灯的状态暂存到 6 个临时变量中。
- 40～42 行：进入紧急状态指示灯显示，并保持约 20s。
- 44～45 行：紧急状态结束时用以还原紧急状态之前的南北和东西向的 6 个指示灯状态。

（3）创建程序文件并生成.HEX 文件

打开 MEDWIN，新建项目文件 "P5"，创建程序文件 "Proj5.C"，输入上述程序，然后按工具栏上的 "产生代码并装入" 按钮（或按 CTRL＋F8），如果编译发现错误需对程序进行修改，直到编译成功,此时将在对应任务文件夹的 OUTPUT 子目录中生成目标文件"P5.HEX"。

（4）运行程序观察结果

在 Proteus 中打开任务 2.2 设计电路"proj5.DSN",把已编译所生成的"P5.HEX"文件下载到单片机中,再运行并观察结果。

运行过程中分别按下"S1"开关,并等待结果的变化；然后按一下"紧急按钮"后放开,再观察指示灯的变化。

如果有实物板可把程序下载到实物上再运行、调试。也可以根据图 2-1 与表 2-1 提供的原理图与器件清单在万能板上搭出电路后再把已编译所生成的 HEX 文件下载到单片机中。然后再调试运行。

2.2.1 中断的概念

2.2.1.1 中断及中断源

（1）什么叫中断

CPU 暂时中止其正在执行的程序,转去执行请求中断的那个外设或事件的服务程序,等处理完毕后再返回执行原来中止的程序,叫作中断。

如图 2-13 所示,CPU 在处理程序 A 的过程中,发生了另一事件 B 请求 CPU 迅速去处理(中断发生)；CPU 暂时中断当前的工作,转去处理事件 B（中断响应和中断服务）；待 CPU 将事件 B 处理完毕后,再回到原来事件 A 被中断的地方继续处理事件 A（中断返回）,这就是 MCS-51 单片机中断的过程。

（2）中断源

引起 CPU 中断的根源,称为中断源,正是中断源向 CPU 提出中断请求的。CPU 暂时中断原来的事务 A,转去处理事件 B。对事件 B 处理完毕后,再回到原来被中断的地方(即断点),称为中断返回。

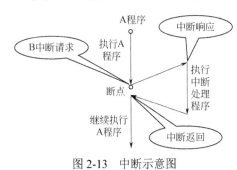

图 2-13 中断示意图

实现上述中断功能的部件称为中断系统（中断机构）。

2.2.1.2 中断的特点

为什么要引入中断？在本任务中大家应该感受到两个开关响应速度的不同：按下开关 S1 状态并不一定立即变化、而按下"紧急按钮"指示灯的状态就立即变化,这是因为前者是通过查询实现的——它是被动的,只有等到程序执行到该判断语句时才执行；而后者是通过中断实现的——中断是主动的,一旦按下该键它就立马请求处理。

总之,引入中断具有如下优点。

① 提高 CPU 工作效率：能解决快速主机与慢速 I/O 设备的数据传送。

② 具有实时处理功能：CPU 能够及时处理应用系统的随机事件,系统的实时性大大增强。

③ 具有故障处理功能：CPU 具有处理设备故障及掉电等突发性事件能力,从而使系统可靠性提高。

④ 实现分时操作：CPU 可以分时为多个 I/O 设备服务,提高了计算机的利用率；

2.2.2 MCS-51 的中断系统

2.2.2.1 MCS-51 的中断结构

- 中断源

80C51 单片机的中断源共有 5 个,其中 2 个为外部中断源,3 个为内部中断源。

① INT0：外部中断 0,中断请求信号由 P3.2 输入。

② INT1：外部中断 1，中断请求信号由 P3.3 输入。
③ T0：定时/计数器 0 溢出中断，对外部脉冲计数由 P3.4 输入。
④ T1：定时/计数器 1 溢出中断，对外部脉冲计数由 P3.5 输入。
⑤ 串行中断：包括串行接收中断 RI 和串行发送中断 TI。

- 中断控制寄存器

MCS-51 单片机中涉及中断控制的有 3 个方面 4 个特殊功能寄存器。

① 中断请求控制寄存器。

INT0、INT1、T0、T1 中断请求标志放在 TCON 中，串行中断请求标志放在 SCON 中。TCON 的结构、位名称和功能如下：

TCON	D7	D6	D5	D4	D3	D2	D1	D0
位名称	TF1	—	TF0	—	IE1	IT1	IE0	IT0
功能	T1中断标志	—	T0中断标志	—	INT1中断标志	INT1触发方式	INT0中断标志	INT0触发方式

TCON 位功能：

- TF1——T1 溢出中断请求标志，T1 计数溢出后，TF1=1。
- TF0——T0 溢出中断请求标志，T0 计数溢出后，TF0=1。

温馨提示

定时器溢出时置位中断请求标志，进入中断响应后自动清零中断请求标志。

- IE1——外中断中断请求标志，当 P3.3 引脚信号有效时，IE1=1。
- IE0——外中断中断请求标志，当 P3.2 引脚信号有效时，IE0=1。
- IT1——外中断触发方式控制位，IT1=1，边沿触发方式（申请中断的信号负跳变有效.）；IT1=0，电平触发方式（申请中断的信号低电平有效）。
- IT0——外中断触发方式控制位，其意义和功能与 IT1 相似。

串行控制寄存器 SCON 的结构、位名称和功能如下：

SCON	D7	D6	D5	D4	D3	D2	D1	D0
位名称	SM0	SM1	SM2	REN	TB8	RB8	TI	RI
功能							串行发送中断标志	串行接收中断标志

其中与中断请求有关的位是 TI 和 RI（其他位参考 MCS-51 串口的相关内容）

- TI——串行口发送中断请求标志。
- RI——串行口接收中断请求标志。

温馨提示

TI 和 RI 分别是发送完一帧数据和接收完一帧数据的标志，进入中断后它们不会自动清零，为此必须由软件清零。

② 中断允许控制寄存器 IE。

80C51 对中断源的开放或关闭由中断允许控制寄存器 IE 控制。IE 的结构、位名称和位地址如下：

IE	D7	D6	D5	D4	D3	D2	D1	D0
位名称	EA	—	—	ES	ET1	EX1	ET0	EX0
中断源	CPU	—	—	串行口	T1	INT1	T0	INT0

- EA ——CPU 中断允许控制位（总开关）
  EA=1，CPU 开中；
  EA=0，CPU 关中，且屏蔽所有 5 个中断源。
- EX0 ——外中断 INT0 中断允许控制位：EX0=1，INT0 开中；EX0=0，INT0 关中。
- EX1 ——外中断 INT1 中断允许控制位：EX1=1，INT1 开中；EX1=0，INT1 关中。
- ET0 ——定时/计数器 T0 中断允许控制位：ET0=1，T0 开中；ET0=0，T0 关中。
- ET1 ——定时/计数器 T1 中断允许控制位：ET1=1，T1 开中；ET1=0，T1 关中。
- ES ——串行口中断（包括串发、串收）允许控制位
  ES=1，串行口开中；ES=0，串行口关中。

温馨提示

80C51 对中断实行两级控制，总控制位是 EA，每一中断源还有各自的控制位。要让某个中断源能得到中断响应，首先要 EA=1，其次还要自身的控制位置"1"。

在本任务中，开放中断源采用了以下的语句：
EA=EX0=1; //开放中断总允许位和外部中断 0 允许位（它也可以写成——IE=0x81;）
IT0=1;   //置外部中断 0 为负跳变（边沿）触发

③ 中断优先级控制寄存器 IP。

IP 的结构、位名称和位地址如下：

IP	D7	D6	D5	D4	D3	D2	D1	D0
位名称	—	—	—	PS	PT1	PX1	PT0	PX0
中断源	—	—	—	串行口	T1	INT1	T0	INT0
功能				串行口中断优先控制位	定时器 T1 中断优先控制位	外部中断 1 中断优先控制位	定时器 T0 中断优先控制位	外部中断 0 中断优先控制位

80C51 提供两级优先级控制——低优先级（0）和高优先级（1），由 IP 的相应位确定。对于同级的中断申请，其优先顺序依次为 INT0→T0→INT1→T1→串行口，但只有高一级的中断请求才能打断低级的中断处理，同级不能相互打断。

温馨提示

当系统复位后，IP 低 5 位自动清零，所有中断源均设定为低优先级中断，用户可在程序中改变 IP 的相应位，从而改变相应中断源的中断优先级。

综上所述，80C51 的中断系统有 5 个中断源（8052 有 6 个），2 个优先级，可实现二级中断嵌套，其中断系统的结构如图 2-14 所示。

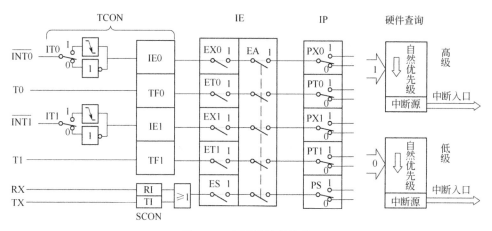

图 2-14 中断系统的结构

① P3.2 可由 IT0（TCON.0）选择其为低电平有效还是下降沿有效。当 CPU 检测到 P3.2 引脚上出现有效的中断信号时，中断标志 IE0(TCON.1)置 1，向 CPU 申请中断。

② P3.3 可由 IT1（TCON.2）选择其为低电平有效还是下降沿有效。当 CPU 检测到 P3.3 引脚上出现有效的中断信号时，中断标志 IE1(TCON.3)置 1,向 CPU 申请中断。

③ TF0（TCON.5），片内定时/计数器 T0 溢出中断请求标志。当定时/计数器 T0 发生溢出时，置位 TF0，并向 CPU 申请中断。

④ TF1（TCON.7），片内定时/计数器 T1 溢出中断请求标志。当定时/计数器 T1 发生溢出时，置位 TF1，并向 CPU 申请中断。

⑤ RI（SCON.0）或 TI（SCON.1），串行口中断请求标志。当串行口接收完一帧串行数据时置位 RI 或当串行口发送完一帧串行数据时置位 TI，向 CPU 申请中断。

2.2.2.2 中断处理过程

MCS-51 的中断处理过程大致可分为四步：中断请求、中断响应、中断服务、中断返回。

（1）中断请求

中断源发出中断请求信号，相应的中断请求标志位（在中断允许控制寄存器 IE 中)置"1"。

（2）中断响应

CPU 查询（检测）到某中断标志为"1"，在满足中断响应条件下，响应中断。

① 中断响应条件：
- 该中断已经"开中"；
- CPU 此时没有响应同级或更高级的中断；
- 当前正处于所执行指令的最后一个机器周期；
- 正在执行的指令不是中断返回指令或者是访问 IE、IP 的指令，否则必须再另外执行一条指令后才能响应。

② 中断响应操作

CPU 响应中断后,进行下列操作：
- 保护断点地址；
- 撤除该中断源的中断请求标志；
- 关闭同级中断；
- 将相应中断的入口地址送入 PC，以便进入中断服务程序。

（3）执行中断服务程序

中断服务程序应包含以下几部分：

① 保护现场；

② 执行中断服务程序主体，完成相应操作；

③ 恢复现场。

（4）中断返回

中断服务程序执行完后，系统将通过自动完成下列操作以实现中断的返回。（对汇编程序必须在中断服务程序的最后安排一条中断返回指令 RETI，当 CPU 执行 RETI 指令后才表示中断服务程序执行完毕）

① 恢复断点地址。

② 开放同级中断，以便允许同级中断源请求中断。

温馨提示

- 在以上几个过程中，只有中断服务程序是由用户编写的，其他是由系统自动完成的。
- 中断响应等待时间：若排除 CPU 正在响应同级或更高级的中断情况，中断响应等待时间为：3～8 个机器周期。

2.2.2.3 中断请求的撤除

中断源发出中断请求，相应中断请求标志置"1"。CPU 响应中断后，必须清除中断请求"1"标志。否则中断响应返回后，将再次进入该中断，引起死循环出错。

① 对定时/计数器 T0、T1 中断，外中断边沿触发方式，CPU 响应中断时就用硬件自动清除了相应的中断请求标志。

② 对外中断电平触发方式，需要采取软硬结合的方法消除后果。

③ 对串行口中断，用户应在串行中断服务程序中用软件清除 TI 或 RI。

2.2.2.4 中断优先控制和中断嵌套

（1）中断优先控制

80C51 中断优先控制首先根据中断优先级，此外还规定了同一中断优先级之间的中断优先权。其从高到低的顺序为：

INT0、T0、INT1、T1、串行口。

中断优先级是可编程的，而中断优先权是固定的，不能设置，仅用于同级中断源同时请求中断时的优先次序。

80C51 中断优先控制的基本原则：

① 高优先级中断可以中断正在响应的低优先级中断，反之则不能；

② 同优先级中断不能互相中断；

③ 同一中断优先级中，若有多个中断源同时请求中断，CPU 将先响应优先权高的中断，后响应优先权低的中断。

（2）中断嵌套

当 CPU 正在执行某个中断服务程序时，如果发生更高一级的中断源请求中断，CPU 可以"中断"正在执行的低优先级中断，转而响应更高一级的中断，这就是中断嵌套，如图 2-15 所示。

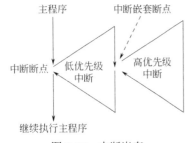

图 2-15 中断嵌套

中断嵌套只能高优先级"中断"低优先级，低优先级不能"中断"高优先级，同一优先级也不能相互"中断"。

中断嵌套结构类似与调用子程序嵌套，不同的是：
① 子程序嵌套是在程序中事先安排好的；中断嵌套是随机发生的。
② 子程序嵌套无次序限制，中断嵌套只允许高优先级"中断"低优先级。

2.2.2.5　中断系统的应用

（1）中断初始化
① 定义外中断触发方式。如本任务主函数中的第 26 行。
② 开放中断。如本任务主函数中的第 27 行。
③ 必要时定义中断优先级。
④ 安排好等待中断或中断发生前主程序应完成的操作内容。

（2）编写中断服务函数

中断服务子程序内容要求：
① 根据需要保护现场。如本任务中断服务函数中的第 37、38 行。
② 中断源请求中断服务要求的操作。如本任务中断服务函数中的第 40~42 行。
③ 恢复现场，应与保护现场相对应。如本任务中断服务函数中的第 44、45 行。

2.2.3　中断函数

C51 编译器支持在 C51 源程序中直接以函数形式编写中断服务程序。C51 中断函数的基本格式如下：

Void 函数名( )　interrupt n [using m]

其中 n 为中断类型号，其取值与 MCS-51 的五个中断源一一对应，如下表所示：
80C51 五个中断源的中断号及中断入口地址：

中断源	INT0	T0	INT1	T1	串行口
中断入口地址	0003H	000BH	0013H	001BH	0023H
中断号 n	0	1	2	3	4

如本任务中用到了外部中断 0，中断号为 0，因此该中断函数的结构为：

```
void int0()  interrupt 0   //外部中断 0 函数
{
…
}
```

关于中断函数的几点说明：
① 中断函数无返回值；
② 中断函数不能定义形式参数，函数名由用户指定，只要符合标识符的命名规则即可；
③ 中断函数不能由用户调用，而是由系统在满足一定条件下自动执行的。
④ 中断函数基本格式中[using　m]为可选部分（如果选用了不能带中括号），其中"m"的取值范围为 0、1、2、3，它对应于内部的 4 组寄存器。

思考与练习

【实战提高】

以图 2-16 设计电路为依据（可直接在任务 2.2 所在目录下打开设计电路文件"proj5_2.DSN"），

要求能模拟实现中断嵌套的控制。请按表2-4所描述的功能完成下列任务：画出程序流程图、编写程序、编译和仿真运行。

表 2-4 交通灯综合控制

状态		主道（南北方向）			支道（东西方向）			说　　明
		红灯	黄灯	绿灯	红灯	黄灯	绿灯	
白天	状态1	灭	灭	亮	亮	灭	灭	主道通行，支道禁行，维持约30s
	状态2	灭	亮	灭	亮	灭	灭	主道警告，支道禁行，维持约4s
	状态3	亮	灭	灭	灭	灭	亮	主道禁行，支道通行，维持约15s
	状态4	亮	灭	灭	灭	亮	灭	主道禁行，支道警告，维持约4s
夜间		灭	闪	灭	灭	闪	灭	开关S1闭合
紧急状态		亮	灭	灭	亮	灭	灭	按下紧急按钮S2，进入此状态，直到按下恢复按钮S3才恢复原状态

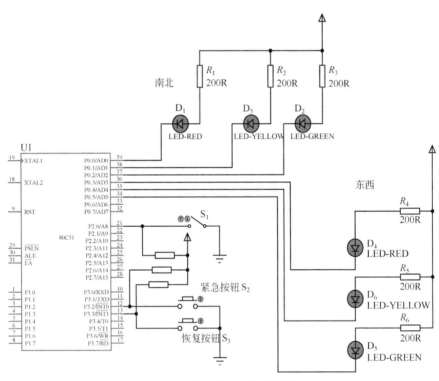

图 2-16 交通灯综合控制电路

【巩固复习】

（1）填空题

① 外部中断1的中断类型号为（　　　　）。

② 如果仅允许外部中断1中断，则应该给IE赋值（　　　　　　）。

③ MCS-51有（　　　）个中断源。

④ 外部中断1的中断信号是由（　　　　）引脚引入的。

⑤ 外部中断1的触发方式控制位由（　　　　）设定，可由用户设定为边沿触发或低

电平触发。

⑥ 系统复位后默认的优先级为（　　　）

（2）选择题

① 设有语句——IE=0x87,则允许中断的中断源是（　　　）。
　　A．外部中断 0　　　　B．外部中断 1　　　　C．定时器 0　　　D．以上都允许

② 对 MCS-51 如果程序中设定了"PX1=1；"，则中断的优先顺序为（　　　）。
　　A．INT0→T0 →INT1→T1　　　　B．INT1→T0 →INT0→T1
　　C．INT1→INT0 →T0→T1　　　　D．INT1→T1 →INT0→T0

③ C51 对中断函数的描述正确的是（　　）
　　A．中断函数名决定了是那一个中断源的中断函数
　　B．可以定义形参
　　C．可以有返回值
　　D．函数定义中"interrupt n"中的 n 决定了是那一个中断源的中断函数

④ 下列描述正确的是（　　）
　　A．中断函数的调用是由用户在程序中写好的
　　B．C51 中一般函数的调用是由用户在程序中写好的
　　C．一般函数需要由用户定义而中断函数的定义是由系统自动完成的
　　D．在程序中要执行多少次中断函数调用是由用户设定好的

（3）简答题

① 什么叫中断？什么叫中断源？
② 引入中断有什么好处？
③ 响应中断需要什么前提条件，以 INT0 为例说明。
④ 什么叫中断嵌套？它需要什么条件？并画出一个中断嵌套的示意图。
⑤ 简述中断的处理过程。

【考核与评价】

评价项目	评价内容	分值	自我评价	小组评价	教师评价	得分
技能目标	① 会编写中断服务程序	20				
	② 会编写交通灯综合控制程序	20				
知识目标	① 能掌握 C51 中断的应用	20				
	② 能领会中断的概念	10				
情感态度	① 出勤情况	5				
	② 纪律表现	5				
	③ 作业情况	10				
	④ 团队意识	10				
总　　分		100				

制作电子秒表

项目情境创设

9秒58，男子100米世界纪录。12秒87，男子110米栏世界纪录。在赛跑比赛项目中经常用秒表来计时，它精确记录了运动员完成比赛所用的最短时间。下面将循序渐进地用单片机来完成一个秒表制作的实例。

任务3.1 在数码管上显示"123456"

通过编写程序，使数码管上显示"123456"。

能力培养目标

① 会编写八段数码管显示程序。
② 能掌握一维数组的应用。
③ 掌握动态显示的方法。

学习组织形式

采取以小组为单位互助学习，每人或两人合用一台电脑。用仿真实现所需的功能后如果有实物板（或自制硬件电路）可把程序下载到实物上再运行、调试，学习过程鼓励小组成员积极参与讨论。

任务实施过程

（1）创建硬件电路

实现此任务的电路原理图如图3-1，系统对应的元器件清单如表3-1所示。

表3-1 闪烁灯控制系统元器件清单

元器件名称	参数	数量	元器件名称	参数	数量
单片机	89C51	1	晶体振荡器	12MHz	1
IC插座	DIP40	1	排阻	10kΩ	2

续表

元器件名称	参数	数量	元器件名称	参数	数量
8位共阴数码管	1	1	瓷片电容	33pF	2
电阻	1kΩ	1	电解电容	22μF	1
电阻	200Ω	1	数据锁存器	74HC573	2

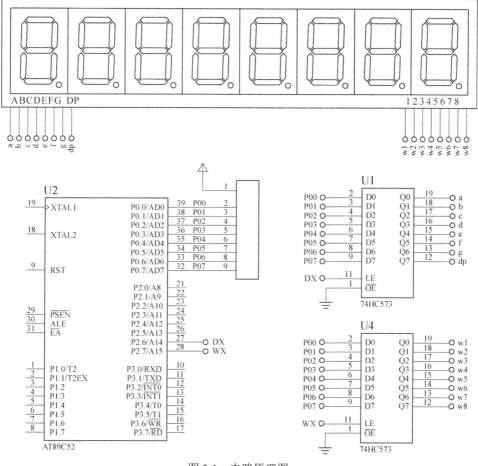

图 3-1 电路原理图

电路说明如下。

① 51 单片机一般采用+5V 电源供电。

② 51 单片机的最小系统如前面章节所示。

③ 显示部分采用 8 位一体的共阴数码管。74HC573 为数据锁存器。U1 控制段选，U4 控制位选。

（2）程序编写

① 编写的程序如下：

行号	程序	
01	`/* proj6.c */`	
02	`#include <REG52.H>`	//52 单片机头文件
03	`#define uint unsigned int`	//宏定义
04	`#define uchar unsigned char`	//宏定义

```
05      sbit DX=P2^4;                               //定义74HC573 段选
06      sbit WX=P2^5;                               //定义74HC573 位选
07      uchar code table[]=                         //共阴显示段码表
08      {
09          0x3f,0x06,0x5b,0x4f,0x66,0x6d,0x7d,0x07,0x7f,0x6f
10      };
11      void delay(uint z)                          //定义延时子函数
12      {
13          uint x,y;
14          for(x=z;x>0;x--)
15          for(y=120;y>0;y--);
16      }
17      void disp()                                 //定义显示子函数
18      {
19          DX=1;
20          WX=0;
21          P0=table[1];
22          DX=0;
23          WX=1;
24          P0=0xdf;
25          delay(2);
26          P0=0xff;
27          DX=1;
28          WX=0;
29          P0=table[2];
30          DX=0;
31          WX=1;
32          P0=0xef;
33          delay(2);
34          P0=0xff;
35          DX=1;
36          WX=0;
37          P0=table[3];
38          DX=0;
39          WX=1;
40          P0=0xf7;
41          delay(2);
42          P0=0xff;
43          DX=1;
44          WX=0;
45          P0=table[4];
46          DX=0;
47          WX=1;
48          P0=0xfb;
49          delay(2);
50          P0=0xff;
51          DX=1;
52          WX=0;
53          P0=table[5];
54          DX=0;
55          WX=1;
```

```
56        P0=0xfd;
57        delay(2);
58        P0=0xff;
59        DX=1;
60        WX=0;
61        P0=table[6];
62        DX=0;
63        WX=1;
64        P0=0xfe;
65        delay(2);
66        P0=0xff;
67    }
68    void main()                                    //定义主函数
69    {
70        while(1)                                   //大循环
71        {
72            disp();                                //调用显示子函数
73        }
74    }
```

② 程序说明
- 05 行：定义数据锁存器 U1 为段选锁存器。
- 06 行：定义数据锁存器 U4 为位选锁存器。
- 07~10 行：用数组形式定义共阴显示的段码值。
- 11~16 行：定义延时子函数。在晶体振荡器频率为 12MHz 的情况下，所延时的时间为 z 毫秒。
- 17~67 行：定义了数码管动态显示子函数。
- 68~74 行：定义主函数。

 温馨提示

此处延时子函数的编写使用了两个 for 语句的嵌套。其作用类似于前面章节使用 while 语句编写的延时子函数。其完整的形式为：

```
void delay(uint z)
{
    uint x,y;
    for(x=z;x>0;x--)
    {
        for(y=120;y>0;y--)
        {
        }
    }
}
```

内部 for 循环中的语句为空，因此可以将一对花括号省略，同时在 for 语句后加上 ";" 表示语句结束。外部 for 循环由于其内部只有一条语句，因此也可以将外部 for 循环的这对花括号省略。

(3)创建程序文件并生成 .HEX 文件

打开 MEDWIN,新建项目文件"P6",创建程序文件"P6_1.C",输入上述程序,然后按工具栏上的"产生代码并装入"按钮(或按 CTRL+F8),此时将在屏幕的构建窗口中看到如图 3-2 所示的信息,它代表编译没有错误、也没有警告信息,且在对应任务文件夹的 OUTPUT 子目录中已生成目标文件"P6.HEX"。

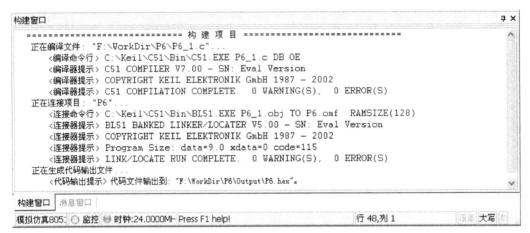

图 3-2 编译过程信息提示

(4)运行程序观察结果

在 Proteus 中打开任务 3.1 设计电路"proj6.dsn",把已编译所生成的 HEX 文件下载到单片机中,同时观察结果。如图 3-3 所示。

图 3-3 运行结果

如果有实物板可把程序下载到实物上再运行、调试。也可以根据图 3-1 提供的原理图与器件清单在万能板上搭出电路后再把已编译所生成的 HEX 文件下载到单片机中。然后再调试运行。

3.1.1 数码管结构

3.1.1.1 数码管结构

数码管常用来显示数字和字母,按结构分为共阴数码管和共阳数码管两种,如图 3-4 所示。

对共阴数码管来说,其 8 个发光二极管的阴极全部连接在一起,所以称为"共阴",而它们的阳极是独立的。通常在设计电路时把阴极接地,当给数码管的任一个阳极加一个高电平时,对应的这个发光二极管就点亮了。给相对应的发光二极管送入高电平,就可以显示出相应的数字。要使数码管显示出相应的数字或字符，必须使单片机数据口输出相应的字形编码，即段码。对照图 3-1，字形码各位的关系为：数据线 P0.0 与 a 字段对应、数据线 P0.1 与 b 字段对应……，数据线 P0.6 与 g 字段对应、数据线 P0.7 与 dp（小数点）字段对应。数据"1"表示对应字段亮，数据"0"表示对应字段暗。可以得到数字 0～9 及字符 A～F 的编码如表 3-2 所示。

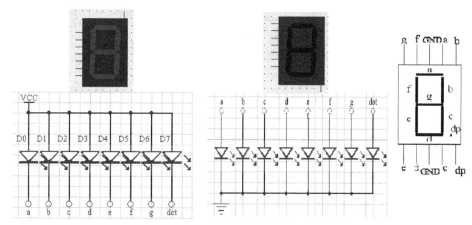

图 3-4 共阳和共阴数码管原理图

共阳数码管的 8 个发光二极管所有阳极全部连接在一起，所以称为"共阳"，而它们的阴极是独立的，电路连接时，公共端接高电平，因此要点亮的那个发光二极管就需要给阴极送低电平，此时显示数字的编码与共阴极的编码正好相反。编码表见表 3-2。

表 3-2 共阳和共阴显示字符段编码表

显示字型	共阳字型码	共阴字型码	显示字型	共阳字型码	共阴字型码
0	0xc0	0x3f	8	0x80	0x7f
1	0xf9	0x06	9	0x90	0x6f
2	0xa4	0x5b	A	0x88	0x77
3	0xb0	0x4f	B	0x83	0x7c
4	0x99	0x66	C	0xc6	0x39
5	0x92	0x6d	D	0xa1	0x5e
6	0x82	0x7d	E	0x86	0x79
7	0xf8	0x07	F	0x8e	0x71

在单片机构成的实际应用电路中需要显示数字等信息时，所采用的 LED 数码管通常是 N 位一体的，如二位一体、四位一体等，如图 3-5 所示。这样可以简化电路、节省单片机的 I/O 线。当多位一体时，它们内部的公共端是独立的，而负责显示什么数字的段线按同类各自连接在一起，独立的公共端可以控制多位一体中的哪一个数码管点亮。把连接在一起的段线称为"段选线"，而把公共端称为"位选线"，这样通过单片机及外部驱动电路就可以控制任意的数码管显示任意的数字了。

3.1.1.2 数据锁存器

在单片机应用系统中为了节约使用单片机的 I/O 资源，通常在电路中使用了数据锁存器，本例中使用 74HC573，即在数码管显示时采用分时复用的方法，利用 P0 口既作为段选线又作为位选线，通过数据锁存器将单片机发来的数据加以锁存保持，以持续快速地刷新数码管的显示。图 3-6 为数据锁存器 74HC573 的功能图及接线图。

图 3-5 常见的八段码数码管

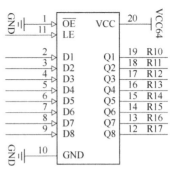

图 3-6 74HC573 数据锁存器

 温馨提示

由于 8051 单片机的 I/O 一般就是指 P0、P1、P2、P3 端口，在实际使用中可能还要使用 A/D、D/A 等资源，P3 端口还要作为第二功能使用，所以 I/O 端口就显得有些捉襟见肘了。可以采用让 I/O 端口分时复用的方法，以达到节省 I/O 资源的目的。

要了解数据锁存器的工作原理，只需看它的功能表或真值表即可。表 3-3 显示了 74HC573 数据锁存器的功能。

表 3-3 74HC573 功能表

输 入			输 出
输出允许 $\overline{OE}$	锁存端 LE	数据端 D	输出端 Q
L	H	H	H
L	H	L	L
L	L	×	无变化
H	×	×	×

从表中可以看出，要让 74HC573 具备锁存功能，则它的输出允许 $\overline{OE}$ 应接低电平，当锁存端 LE 为高电平时输出端 Q 就跟随数据输入端 D 的数据，而当锁存端 LE 为低电平时输出端 Q 则保持之前的状态从而实现数据的锁存。

3.1.2 数码管的显示原理

数码管的显示有静态显示和动态显示两种方式，下面分别加以叙述。

（1）数码管静态显示

静态显示是指数码管显示某一字符时，相应的发光二极管恒定导通或恒定截止（图 3-7）。这种显示方式的各位数码管相互独立，公共端恒定接地（共阴极）或接正电源（共阳极）。每个数码管的 8 个字段分别与一个 8 位 I/O 口地址相连，I/O 口只需要有段码输出，相应字符即显示出来，并保持不变，直到 I/O 端口输出新的段码。采用静态显示方式，较小的电流即可获得较高的亮度，且占用 CPU 时间少，编程简单，显示便于监测和控制，但其占用的口线多，硬件电路复杂，成本高，只适用于显示位数较少的场合。

对于静态显示方式，N 位静态显示器要求有 $N \times 8$ 根 I/O 口线。

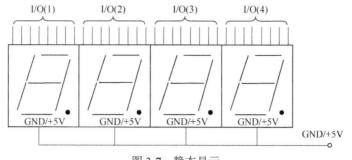

图 3-7 静态显示

（2）数码管动态显示

动态显示是一位一位轮流点亮各位数码管，这种逐位点亮显示器的方式称为位扫描（图 3-8）。通常，各位数码管的段选线相应并联在一起，由一个 8 位的 I/O 口控制；各位的位选线（公共阴极或阳极）由另外的 I/O 口线控制。动态方式显示时，各数码管分时轮流选通，要使其稳定显示，必须采用扫描方式，即在某一瞬间位选控制单片机送出位码值，只选通一位数码管，段选控制单片机送出相应的段码值，以保证该位显示相应字符。依次规律循环，即可使各位数码管显示将要显示的字符。虽然这些字符是在不同的时刻分别显示，但由于人眼存在视觉暂留效应，只要每位显示间隔时间足够短就可以给人以同时显示的感觉，同时具有视觉稳定的显示状态。

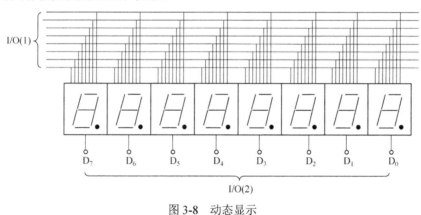

图 3-8 动态显示

采用动态显示方式比较节省 I/O 端口，硬件电路也较静态显示方式简单，但其亮度不如静态显示方式，程序较静态显示方式复杂，而且在显示位数较多时，CPU 要依次扫描，占用 CPU 较多的时间。

在上面的程序中，要在某一位上显示一个数字，则使用如下语句：

```
DX=1;
WX=0;
P0=table[1];
DX=0;
WX=1;
P0=0xdf;
delay(2);
P0=0xff;
```

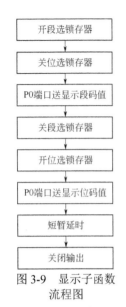

图 3-9　显示子函数流程图

① 01 行：打开数据锁存器 U1。

② 02 行：关闭数据锁存器 U4。

③ 03 行：由 P0 端口送出待显示的字符段码值。此处为 table[1]，即元素表中的第一项，对应 0x06，也就是显示数字 1。

④ 04 行：关闭数据锁存器 U1。

⑤ 05 行：打开数据锁存器 U4。

⑥ 06 行：由 P0 端口送出待显示数码管的位码值。此处为 0xdf，即对应电路图中左边第三位数码管。

⑦ 07 行：短暂延时，目的是使其稳定显示。

⑧ 08 行：关闭 P0 端口，消隐处理，防止数码管出现显示混乱现象。

当需要在另一个位置显示另一个字符时，则更改 P0 端口送出的段码和位码，按照规律轮流送出，就可以达到动态显示的目的了。图 3-9 为该显示子函数的流程图。

3.1.3　数组的使用

3.1.3.1　数组

之前使用的都是属于基本类型的数据，如无符号的字符型 unsigned char，无符号的整型 unsigned int 等，现在一起来学习另一种数据类型——数组。

数组是有序数据的集合，数组中的每一个元素都属于同一个数据类型，用一个统一的数组名和元素号来唯一地确定数组中的元素。数组又可以分为一维数组、二维数组、三维数组等。在这里，先学习一维数组。

（1）一维数组的定义

类型说明符　数组名[数组长度]={元素1，元素2，…元素N}；

说明：

① 数组名命名规则和变量名相同，遵循标识符命名规则。

② 数组名后是用方括号括起来的常量表达式，它表示数组长度，不能用圆括号。

③ 花括号内表示定义的各个元素初值，各元素初值之间用逗号隔开。

（2）一维数组的引用

数组必须先定义后使用，C51 语言规定——只能逐个引用数组元素而不能一次引用整个数组。数组元素引用形式为：

数组名[元素号]

温馨提示

元素号从 0 开始计。

在任务 3.1 程序中，使用数组定义了数码管共阴显示的字符段码，如：

```
uchar code table[]=
{
    0x3f,0x06,0x5b,0x4f,0x66,0x6d,0x7d,0x07,0x7f,0x6f
};
```

其中，uchar 代表了数组类型为无符号的整型数据。table 表示数组名，而[]里面是空的，表示数组长度将直接由等号后花括号中的数据个数确定，在本例中该数组的长度为 10。等号后面的一组花括号定义了数组中的各个元素，各元素之间用逗号隔开且元素必须是常数或常量表达式。在数组元素引用时，通常的表示方法是：table[0]、table[8]等。注意，在这个数组引用时，table[0]=0x3f。同理，table[9]=0x6f。其实，这些数组元素就是数字 0~9 的共阴显示段码。那么，数组定义过程中的 code 又代表了什么呢？下面进入下一节的学习。

想一想：

本例中 table 数组的长度为 10，那么能否引用数组元素 table[10]呢？

3.1.3.2 单片机中的存储器

在之前的任务中，已经介绍了单片机的内部基本结构和资源，现在再来认识一下单片机中的存储器。

单片机的存储器可以分为片内存储器和片外存储器两种。因为片外存储器是需要另外扩展的，而且现在使用也不多，所以在此不再赘述，只讨论单片机的内部存储器。

单片机的内部存储器又可分为数据存储器 RAM 和程序存储器 ROM。

（1）数据存储器

数据存储器主要用作缓冲和数据暂存，如用于存放运算中间结果以及设置特征标志等。MCS-51 系列单片机的内部数据存储器存储空间较小，它是系统的宝贵资源，要合理使用。MCS-51 系列单片机的内部 RAM 共有 256 个字节单元，按其功能划分为两部分：低 128 字节（00H~7FH）和高 128 字节（80H~FFH）地址空间。图 3-10 所示为低 128 字节单元的配置图。

30H~7FH	用户RAM区
20H~2FH	位寻址区
18H~1FH	工作寄存器3区
10H~17H	工作寄存器2区
08H~0FH	工作寄存器1区
00H~07H	工作寄存器0区

图 3-10　片内 RAM 的配置

低 128 字节单元是单片机的真正 RAM 存储器，按其用途划分为寄存器区、位寻址区和用户 RAM 区三个区域。

在任务 1.2 中已经学习了 C51 常用数据类型，接触到了位类型 bit，此类数据就是存储在位寻址区中，而在 C51 中定义的各种变量就是在这些 RAM 中。

高 128 字节单元是供给专用寄存器使用的，因这些寄存器的功能已作专门规定，故称之为专用寄存器，也称为特殊功能寄存器（Special Function Register）。这些特殊功能寄存器就是之前在介绍头文件时接触到的东西，它们在 C51 中的数据类型是 sfr 或者是 sbit 型的。

（2）程序存储器

程序存储器用于存放程序及表格常数。也就是说，那些不需要经常变动的数据就存放在 ROM 中，这样就节约了对 RAM 的使用。在前面定义存放字型码的数组中就使用了 code，它就代表这个数组中的元素存放在 ROM 中。因为程序中那些数码管共阴显示的段码值是不变化的,因此可以把它放在 ROM 中。单片机的 ROM 比 RAM 大多了,一般 51 有 4KB、52 有 8KB、54 有 16KB。

> **温馨提示**
>
> 在程序存储器中,某些特定的单元已分配给系统使用,比如 0000H 单元是系统复位入口,单片机复位后,CPU 总是从 0000H 单元开始执行程序。此外,0003H~002AH 单元均匀地分为五段,被保留用于五个中断服务程序或中断入口。具体地址分配见表 3-4 所示。

表 3-4 系统复位和中断入口地址

事 件	入 口 地 址
系统复位	0000H
外部中断 0	0003H
定时器 0 溢出中断	000BH
外部中断 1	0013H
定时器 1 溢出中断	001BH
串行口中断	0023H

思考与练习

【实战提高】

① 以图 3-1 设计电路为依据(可直接在任务 3.1 所在目录下打开设计电路文件"proj6_1.DSN"),要求能在数码管上显示自己的班级-学号,如 13E01-36。请编写程序、编译和仿真运行。

② 以图 3-1 设计电路为依据(可直接在任务 3.1 所在目录下打开设计电路文件"proj6_1.DSN"),要求能在数码管上显示今天的日期,如 2012.08.16。编写程序、编译和仿真运行。

【巩固复习】

(1)填空题

① 数码管常用来显示数字和字母,按结构分为(   )数码管和(   )数码管两种。

② 对于共阳数码管,要点亮相应的某段,应使单片机端口输出(   )电平。

③ 数码管的显示有(   )显示和(   )显示两种方式。

④ 在数组定义中,关键字 code 是为了把 tab 数组存储在(   )中。

(2)选择题

① 若要使数据锁存器 74HC573 具备数据锁存功能,除了将其输出允许 $\overline{OE}$ 接低电平,还应使其锁存端 LE 接(   )。

    A. 高电平   B. 低电平   C. 任意   D. 以上都可以

② 以下描述正确的是(   )。

    A. 数组长度是用圆括号括起来的

    B. 数组中的每一个元素都属于同一个数据类型

    C. 定义数组中各个元素时,中间用分号隔开

D．数组元素引用时，最大元素号即表示数据长度
③ 在定义数组 uchar code tab[]={'a','b','c','d'};后，以下描述正确的是（　　）。
A．数组长度是 3　　　　　　　　B．数组的第 3 号元素是字符 d
C．该数组将被存放在数据存储器中　　D．该数组定义是错误的

【考核与评价】

评价项目	评价内容	分值	自我评价	小组评价	教师评价	得分
技能目标	① 会设计数码管动态显示控制电路	10				
	② 会编写动态显示程序	30				
知识目标	① 能掌握动态显示函数的编写及调用	20				
	② 能领会数组的应用	10				
情感态度	① 出勤情况	5				
	② 纪律表现	5				
	③ 作业情况	10				
	④ 团队意识	10				
总　　分		100				

任务 3.2　秒脉冲的产生

任务描述

通过编写程序，使发光二极管以 1s 速率闪烁（频率为 2Hz）

能力培养目标

① 会编写 MCS-51 单片机定时器中断程序。
② 能理解 MCS-51 单片机定时器相关知识。

学习组织形式

采取以小组为单位互助学习，有条件的每人一台电脑，条件有限的可以两人合用一台电脑。用仿真实现所需的功能后如果有实物板（或自制硬件电路）可把程序下载到实物上再运行、调试，学习过程鼓励小组成员积极参与讨论。

任务实施过程

（1）创建硬件电路
实现此任务的电路原理图如图 3-11，系统对应的元器件清单如表 3-5 所示。

表 3-5　闪烁灯控制系统元器件清单

元器件名称	参　数	数　量	元器件名称	参　数	数　量
单片机	89C51	1	电阻	1kΩ	1
IC 插座	DIP40	1	电阻	200Ω	1
晶体振荡器	12MHz	1	瓷片电容	33pF	2
发光二极管	$\phi 3$	1	电解电容	22μF	1

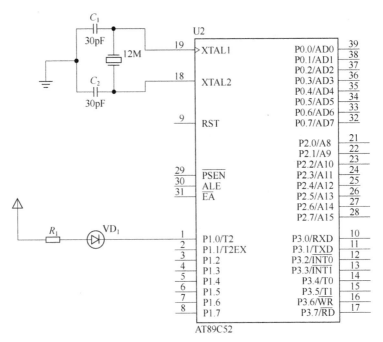

图 3-11 任务 3.2 电路原理图

电路说明：
① 51 单片机一般采用+5V 电源供电；
② 51 单片机的最小系统如前面章节所示。

（2）程序编写

① 编写的程序如下：

行号	程序	
01	/* proj7.c */	
02	#include <REG52.H>	//52 单片机头文件
03	#define uchar unsigned char	//宏定义
04	#define uint unsigned int	//宏定义
05	sbit VD1=P1^0;	//定义端口所接发光二极管
06	uchar cnt;	//定义变量 cnt 的数据类型
07	void init()	//定义定时器初始化函数
08	{	
09	TMOD=0x01;	//工作方式
10	TH0=(65536-50000)/256;	//高 8 位初值
11	TL0=(65536-50000)%256;	//低 8 位初值
12	ET0=1;	//开放 T0 中断
13	EA=1;	//开放总中断
14	TR0=1;	//启动定时器 T0
15	}	
16	void main()	//定义主函数
17	{	
18	init();	//调用初始化子函数
19	while(1);	//等待

```
20      }
21      void timer0() interrupt 1                    //定义T0中断服务函数
22      {
23          TH0=(65536-50000)/256;                   //重新送高8位初值
24          TL0=(65536-50000)%256;                   //重新送低8位初值
25          if(++cnt==20)                            //判断是否到1s
26          {
27              cnt=0;                               //变量值清0
28              VD1=~VD1;                            //发光二极管状态切换
29          }
30      }
```

② 程序说明
- 05 行：定义 P1.0 引脚上接的发光二极管 VD1。
- 06 行：定义了变量 cnt 为无符号字符型的全局变量。
- 07～15 行：定时器初始化函数。
- 16～20 行：主函数。

温馨提示

while(1);表示原地等待，即主函数等待定时器中断的发生。

- 21～30 行：中断服务函数。

（3）创建程序文件并生成 .HEX 文件

打开 MEDWIN，新建项目文件"P7"，创建程序文件"P7_1.C"，输入上述程序，然后按工具栏上的"产生代码并装入"按钮（或按 CTRL+F8），此时将在屏幕的构建窗口中看到如图 3-12 所示的信息，它代表编译没有错误、也没有警告信息，且在对应任务文件夹的 OUTPUT 子目录中已生成目标文件"P7.HEX"。

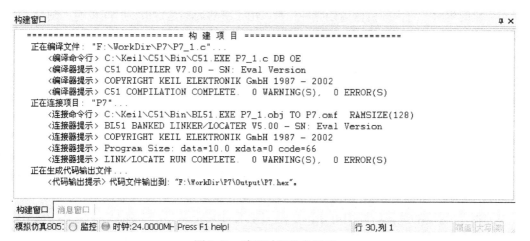

图 3-12 编译过程信息提示

（4）运行程序观察结果

在 Proteus 中打开任务 3.2 设计电路"proj7.dsn"，把已编译所生成的 HEX 文件下载到单

片机中，同时观察结果。

如果有实物板可把程序下载到实物上再运行、调试。也可以根据图 3-11 提供的原理图与器件清单在万能板上搭出电路后再把已编译所生成的 HEX 文件下载到单片机中。然后再调试运行。

3.2.1 定时器/计数器的结构与原理

3.2.1.1 定时/计数器结构

单片机应用于检测、控制及智能仪器等领域时，通常需要实时时钟来实现定时或延时控制，也常需要有计数器对外界事件进行计数。8051 单片机内部的两个定时/计数器可以实现这些功能。

8051 单片机内部有两个 16 位可编程定时/计数器，称为定时器 0（T0）和定时器 1（T1），可通过编程来选择其作为定时器用或作为计数器用。此外，工作方式、定时时间、计数值、启动、中断请求等都可以由程序设定，其逻辑结构如图 3-13 所示。

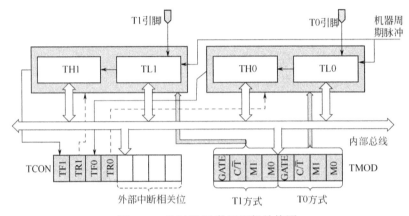

图 3-13 定时器/计数器逻辑结构图

由图可知，8051 单片机定时/计数器由定时器 0、定时器 1、定时器方式寄存器 TMOD 和定时器控制寄存器 TCON 组成。

定时器 0（T0）、定时器 1（T1）是 16 位加法计数器，分别由两个 8 位的专用寄存器组成：定时器 0（T0）由 TH0 和 TL0 组成，定时器 1（T1）由 TH1 和 TL1 组成。当定时器 0 或定时器 1 用作定时器时，对内部机器周期脉冲计数，由于机器周期是定值，时间也随之确定。当定时器 0 或定时器 1 用作计数器时，对芯片引脚 T0(P3.4)或 T1(P3.5)上输入的脉冲计数，每输入一个脉冲，加法计数器加 1。实质上，8051 单片机的定时器/计数器就是加 1 计数器。

TMOD、TCON 与定时器 0、定时器 1 间通过内部总线及逻辑电路连接，TMOD 用于设定定时器的工作方式，TCON 用于控制定时器的启动与停止。

3.2.1.2 定时/计数器工作原理

生活中到处有计数的例子，比如家里面用的电度表、汽车上的里程表等。而工业生产中的例子就更多了，如线缆行业在电线生产出来之后要计米，也就是测量长度，行业中有很巧妙的办法，用一个周长是 1m 的轮子，将电缆绕在上面一周，由线带轮转，这样轮转一周不就是线长 1m 嘛，所以只要记下轮转了多少圈，就能知道走过的线有多长了。

从定时/计数器的逻辑结构图可知，定时/计数器实质上就是一个加 1 计数器，它主要的任务就是对机器周期或是外部输入的脉冲进行计数的操作。当定时/计数器设定为定时工作方式时，计数器对内部机器周期进行计数，每过一个机器周期，计数器加 1，直到计满溢出。定时器的定时时间与系统的振荡频率紧密相关。因 MCS-51 单片机的一个机器周期由 12 个振荡脉冲组成，所以，计数频率 $f_c = f_{osc}/12$。如果单片机系统采用 12MHz 晶振，则计数周期

$T=1\mu s$，这是最短的定时周期，改变定时器的初值可获取各种定时时间。

当定时/计数器设定为计数工作方式时，计数器对来自输入引脚 T0(P3.4)或 T1(P3.5)的外部信号计数，外部信号的下降沿将触发计数。每检测到一个外部信号由 1 到 0 的负跳变，计数器就加 1。CPU 检测一个 1 到 0 的负跳变需要两个机器周期，因此最高检测频率为振荡频率的 1/24。

单片机的定时器中断就是当 CPU 设置开启定时功能后，定时器就按被设定的工作方式独立工作，不再占用 CPU 的操作时间，当定时/计数器中的计数值计满溢出后，会产生中断，通知 CPU 该如何处理。

3.2.1.3　定时/计数器的方式寄存器和控制寄存器

（1）定时/计数器控制寄存器 TCON

TCON 的结构、位名称和功能如下：

TCON	D7	D6	D5	D4	D3	D2	D1	D0
位名称	TF1	TR1	TF0	TR0	IE1	IT1	IE0	IT0
功能	T1中断标志	T1启停控制	T0中断标志	T0启停控制	INT1中断标志	INT1触发方式	INT0中断标志	INT0触发方式

温馨提示

定时器控制寄存器 TCON 的低四位已在任务 2.2 中介绍，它们和外部中断有关，此处不再赘述。

TCON 位功能：

① TF1——定时/计数器 1 溢出中断请求标志，当定时/计数器 1 计数满产生溢出时，由硬件自动置 TF1=1。在中断允许时，向 CPU 发出定时/计数器 1 的中断请求，进入中断服务程序后，由硬件自动清 0。

② TR1——定时/计数器 1 运行控制位。由软件置 1 或清 0 来启动或关闭定时/计数器 1。

③ TF0——定时/计数器 0 溢出中断请求标志，其功能及操作情况同 TF1。

④ TR0——定时/计数器 0 运行控制位，其功能及操作情况同 TR1。

（2）定时/计数器方式寄存器 TMOD

TMOD 的结构、位名称和功能如下：

TMOD	D7	D6	D5	D4	D3	D2	D1	D0
位名称	GATE	C/$\overline{T}$	M1	M0	GATE	C/$\overline{T}$	M1	M0
功能	T1门控位	T1功能选择位	T1方式选择位		T0门控位	T0功能选择位	T0方式选择位	

TMOD 的低四位为定时/计数器 0 的方式字段，高 4 位为定时/计数器 1 的方式字段，它们的含义完全相同，TMOD 位功能：

① GATE——门控位。当 GATE=0 时，软件控制位 TR0 或 TR1 置 1 即可启动定时/计数器；当 GATE=1 时，软件控制位 TR0 或 TR1 需置 1，同时还需 INT0（P3.2）或 INT1（P3.3）为高电平方可启动定时/计数器，即允许外部中断 INT0 和 INT1 启动定时/计数器。

② C/$\overline{T}$——功能选择位。C/$\overline{T}$=0 时，设置定时/计数器工作为定时器方式；C/$\overline{T}$=1 时，设置定时/计数器工作为计数器方式。

③ M1、M0——方式选择位。定义如下:

M1M0	工 作 方 式	功 能 说 明
00	方式 0	13 位计数器
01	方式 1	16 位计数器
10	方式 2	自动再装入 8 位计数器
11	方式 3	定时器 0: 分成两个 8 位计数器 定时器 1: 停止计数

温馨提示

定时/计数器有 4 种不同的工作方式,最常用的是方式 1,所以仅对方式 1 做简单介绍。如图 3-14 所示。

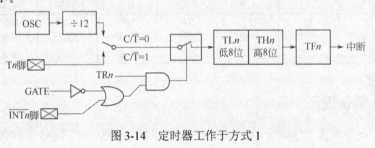

图 3-14 定时器工作于方式 1

由图可知,方式 1 为 16 位加法计数器。当低 8 位计数器 TLn 计数满时自动向高 8 位计数器 THn 进位,而 THn 计数满即溢出时向中断位 TFn 进位,同时向 CPU 申请中断。当 $C/\overline{T}=0$ 时,电子多路开关连接 12 分频器的输出,定时/计数器对机器周期计数,此时,定时/计数器为定时器。当 $C/\overline{T}=1$ 时,电子多路开关与外部引脚 Tn (P3.4 或 P3.5) 相连,当外部信号电平发生由 1 到 0 的负跳变时,计数器加 1,此时,定时/计数器为计数器。

3.2.2 定时器的应用

3.2.2.1 定时器的容量和初值计算

(1) 定时器容量

从一个生活中的例子看起:一个水盆在水龙头下,水龙头没关紧,水一滴滴地滴入盆中。水滴不断落下,盆的容量是有限的,过一段时间之后,水就会逐渐变满。当再滴入一滴水后,水盆中的水就会溢出。

那么单片机中定时/计数器有多大的容量呢?对于定时/计数器工作于方式 1 的情况,T0 和 T1 都是 16 位的计数器,最大的计数容量就是 65536。

水溢出将会流到地面上,而定时/计数器溢出就使得 TF0 置 1,向 CPU 提出中断请求。

(2) 定时器初值计算

使用定时器时,为了得到不同的定时时间,必须给定时器预置一个初值,在此基础上进行计数,到其计数满时所需的时间即为定时时间。关于初值,可以打这么一个比方:

如果一个空的水盆需要滴 10000 滴水进去才会满,在开始滴水之前先放入一勺水,还需要 10000 滴吗?定时器的初值也是这样,采用预置数的方法,要计 100 个机器脉冲,就预置 65436,等再来 100 个机器脉冲,不就是计满 65536 了吗?计数器容量一到 65536,计数器就溢出向 CPU 申请中断了。

> **温馨提示**
>
> 定时器初值计算公式如下：
>
> 在晶振频率为 f_{osc} 时，定时时间初值设为 α，则定时时间 $t = 2^{16} - \alpha \times 12/f_{osc}$；由此可以得到初值 $\alpha = (2^{16} - t) \times f_{osc}/12$，其中 f_{osc} 单位为 MHz，定时时间 t 的单位为微秒。

3.2.2.2 定时器的应用

（1）定时器的初始化

由于定时/计数器的功能是由软件编程确定的，所以，一般在使用定时/计数器前都要进行初始化。初始化步骤如下。

① 确定工作方式——对方式寄存器 TMOD 赋值。
② 预置定时或计数的初值——直接将初值写入 TH0、TL0 或 TH1、TL1。
③ 根据需要开启定时/计数器中断——直接对中断允许寄存器 IE 赋值。
④ 启动定时器——将 TR0 或 TR1 置 1。

在前面的程序中，定义了子函数 init 如下。

```
void init()
{
    TMOD=0x01;
    TH0=(65536-50000)/256;
    TL0=(65536-50000)%256;
    ET0=1;
    EA=1;
    TR0=1;
}
```

函数体中：

① 01 行：定义定时/计数器 T0 为定时器，工作于方式 1，即 16 位计数器，计数容量为 65536 个机器脉冲。
② 02 行：预置 T0 的高 8 位计数器，TH0 初值为 50000。
③ 03 行：预置 T0 的低 8 位计数器，TL0 初值为 50000。
④ 04 行：允许定时器 0 中断。
⑤ 05 行：中断总允许。
⑥ 06 行：启动定时器 0。

（2）定时/计数器中断服务函数

在前面的程序中，定义了中断服务函数如下。

```
void timer0() interrupt 1
{
    TH0=(65536-50000)/256;
    TL0=(65536-50000)%256;
    if(++cnt= =20)
    {
        cnt=0;
        VD1=~VD1;
    }
}
```

函数体中：
① 01 行：重新预置 T0 的高 8 位计数器，TH0 初值为 50000。
② 02 行：重新预置 T0 的低 8 位计数器，TL0 初值为 50000。
③ 03～07 行：判断变量 cnt 的值是否已累加到 20？变量 cnt 的值等于 20，说明定时 1s 时间到（20 个 50ms），则将变量 cnt 值清 0，再将发光二极管 VD1 的值取反，达到 1s 速率闪烁的目的。

可以用图 3-15 表示该中断服务函数的流程图。

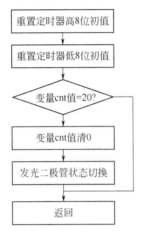

图 3-15 中断服务函数流程图

如何做到长时间定时？

根据定时器初值的计算方法，在晶振频率为 12MHz 的情况下，可以计算出定时器工作在方式 1 下的最大定时时间为：$t_{max}= (2^{16} - 0) \times 12/12 \mu s = 65.536 \mu s$。那么要定时 1s、1 分钟、1 小时就没有办法了吗？其实可以采用定时器×计数值的方法来实现长时间的定时。在这里，让单片机 T0 定时时间为 50ms，那么就需要先给 TH0、TL0 预装一个初值 15536，在这个初值的基础上再计 50000 个脉冲后，定时器溢出，此时刚好就是 50ms 中断一次。当需要定时 1s 时，使用变量 cnt 在程序中产生 20 次 50ms 的定时器中断便认为是 1s，这样便可以精确控制较长时间的定时了。

思考与练习

【实战提高】

以图 3-1 设计电路为依据（可直接在任务 3.2 所在目录下打开设计电路文件 "proj7_1.DSN"），要求能使用定时器 1 控制发光二极管以 2s 速率闪烁。

【巩固复习】

（1）填空题
① MCS-51 单片机的定时/计数器有（   ）个，分别为（   ）和（   ）。

② MCS-51 单片机定时/计数器的内部结构由以下四部分组成：
A．（   ）   B．（   ）   C．（   ）   D．（   ）
③ 定时器 1 的中断入口号是（   ）。
④ 启动 T0 开始定时是使控制寄存器 TCON 的（   ）置 1。

（2）选择题

① MCS-51 系列单片机的定时/计数器 T1 用作定时方式时是（   ）
   A．对内部时钟频率计数，一个时钟周期加 1
   B．对内部时钟频率计数，一个机器周期加 1
   C．对外部输入脉冲计数，一个时钟周期加 1
   D．对外部输入脉冲计数，一个机器周期加 1

② MCS-51 系列单片机的定时/计数器 T1 用作计数方式时计数脉冲是（   ）
   A．外部计数脉冲由 T1(P3.5)输入 B．外部计数脉冲由内部时钟频率提供
   C．外部计数脉冲由 T0(P3.42)输入 D．以上都可以

③ MCS-51 系列单片机的定时/计数器 T0 用作定时方式，采用工作方式 1，则工作方式控制字为（   ）
   A．TMOD=0x01   B．TMOD=0x50
   C．TMOD=0x10   D．TCON=0x02

【考核与评价】

评价项目	评价内容	分值	自我评价	小组评价	教师评价	得分
技能目标	① 会编写定时器初始化函数	10				
	② 会编写定时器中断服务函数	30				
知识目标	① 能领会定时器的结构和原理	20				
	② 能掌握定时/计数器的方式寄存器和控制寄存器的使用方法	10				
情感态度	① 出勤情况	5				
	② 纪律表现	5				
	③ 作业情况	10				
	④ 团队意识	10				
总 分		100				

任务 3.3　制作电子秒表

任务描述

当第一次按下启动/暂停键，秒表开始计时；当第二次按下启动/暂停键，秒表暂停计时。当按下复位键，秒表显示回零。计时精度为 1‰秒。

能力培养目标

① 会写独立式按键与单片机接口的程序。
② 能理解独立式按键与单片机接口原理。

采取以小组为单位互助学习,有条件的每人一台电脑,条件有限的可以两人合用一台电脑。用仿真实现所需的功能后如果有实物板(或自制硬件电路)可把程序下载到实物上再运行、调试,学习过程鼓励小组成员积极参与讨论。

任务实施过程

(1)创建硬件电路

实现此任务的电路原理图如图 3-16,系统对应的元器件清单如表 3-6 所示。

表 3-6 电子秒表控制系统元器件清单

元器件名称	参 数	数 量	元器件名称	参 数	数 量
单片机	89C51	1	电阻	1kΩ	1
IC 插座	DIP40	1	电阻	200Ω	1
晶体振荡器	12MHz	1	瓷片电容	33pF	2
排阻	10kΩ	2	电解电容	22μF	1
8 位共阴数码管	1	1	数据锁存器	74HC573	2
按键		3			

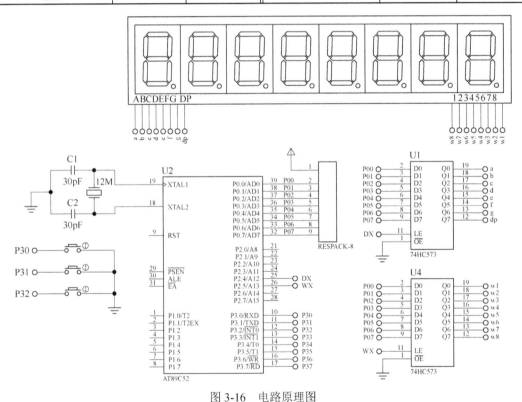

图 3-16 电路原理图

电路说明:

① 51 单片机一般采用+5V 电源供电;

② 51 单片机的最小系统如前面章节所示;

③ 显示部分如任务 3.1 电路;

④ 三个独立式按键分别连接单片机的 P3.0、P3.1 和 P3.2 引脚。

（2）程序编写

① 编写的程序如下：

行号	程序	
01	`/* proj8.c */`	
02	`#include <REG52.H>`	//52 单片机头文件
03	`#define uchar unsigned char`	//宏定义
04	`#define uint unsigned int`	//宏定义
05	`sbit DX=P2^4;`	//定义 74HC573 段选位
06	`sbit WX=P2^5;`	//定义 74HC573 位选位
07	`sbit k1=P3^0;`	//定义独立按键 k1
08	`sbit k2=P3^1;`	//定义独立按键 k2
09	`uint sec,msec;`	//定义变量数据类型
10	`uchar code table[]={   };`	//定义数码管共阴段码表
11	`void delay(uint x)`	//定义延时子函数
12	`void init()`	//定义定时器初始化函数
13	`{`	
14	`    TMOD=0x01;`	
15	`    TH0=(65536-10000)/256;`	
16	`    TL0=(65536-10000)%256;`	
17	`    ET0=1;`	
18	`    EA=1;`	
19	`}`	
20	`void disp()`	//定义显示子函数
21	`void keyscan()`	//定义独立按键扫描子函数
22	`{`	
23	`    if(k1==0)`	//若 k1 键按下
24	`    {`	
25	`        delay(10);`	//延时去抖动
26	`        if(k1==0)`	//再次判断到 k1 键按下
27	`        {`	
28	`            while(k1==0);`	//等待 k1 键松开
29	`            TR0=~TR0;`	//TR0 位状态切换
30	`        }`	
31	`    }`	
32	`    if(k2==0)`	//若 k2 键按下
33	`    {`	
34	`        delay(10);`	//延时去抖动
35	`        if(k2==0)`	//再次判断到 k2 键按下
36	`        {`	
37	`            while(k2==0);`	//等待 k2 键松开
38	`            TR0=0;`	//停止定时器运行
39	`            sec=msec=0;`	//变量清 0
40	`        }`	
41	`    }`	
42	`}`	
43	`void main()`	//定义主函数
44	`{`	

```
45          init();                              //定义定时器初始化函数
46          while(1)
47          {
48              disp();                          //调用显示子函数
49              keyscan();                       //调用按键扫描子函数
50          }
51      }
52      void timer0() interrupt 1                //定义定时器服务函数
53      {
54          TH0=(65536-10000)/256;               //重置定时器高8位初值
55          TL0=(65536-10000)%256;               //重置定时器低8位初值
56          if(++msec==100)                      //判断变量msec值为100?
57          {                                    //若为100,则1s时间到
58              msec=0;                          //变量msec值清0
59              sec++;                           //变量sec值加1
60              if(sec==100)                     //判断变量sec值为100?
61              {                                //若为100,则到显示上限
62                  sec=0;                       //变量sec值清0
63              }
64          }
65      }
```

② 程序说明
- 07 行：定义 P3.0 引脚的按键 K1 为启动/暂停键。
- 08 行：定义 P3.0 引脚的按键 K2 为复位键。
- 09 行：定义变量 sec、msec 为无符号整型变量。
- 10 行：定义数码管共阴段码表，同任务 3.1 程序第 7~10 行。
- 11 行：定义延时子函数，同任务 3.1 程序第 11~16 行。
- 12~19 行：定义定时/计数器 0 的初始化函数。定时/计数器 0 工作在定时器方式，为 16 位计数方式，定时时间为 10ms。
- 20 行：定义显示子函数，同任务 3.1 程序第 17~67 行。
- 21~42 行：定义按键扫描子函数。
- 43~51 行：主函数。在主函数中，先调用定时器初始化函数一次，然后始终调用显示子函数和按键扫描子函数。

温馨提示

```
void main()
{
    init();
    while(1)
    {
        disp();
        keyscan();
    }
}
```

其中，while(1)括号中的表达式为"1"，表示永远满足条件，也就是始终执行其后面花括号的语句，在这里就始终调用显示子函数和按键扫描子函数。

- 52～65 行：定时器中断服务函数。

（3）创建程序文件并生成.HEX 文件

打开 MEDWIN，新建项目文件"P8"，创建程序文件"P8_1.C"，输入上述程序，然后按工具栏上的"产生代码并装入"按钮（或按 CTRL + F8），此时将在屏幕的构建窗口中看到如图 3-17 所示的信息，它代表编译没有错误、也没有警告信息，且在对应任务文件夹的 OUTPUT 子目录中已生成目标文件"P8.HEX"。

图 3-17　编译过程信息提示

（4）运行程序观察结果

在 Proteus 中打开任务 3.3 设计电路"proj8.dsn"，把已编译所生成的 HEX 文件下载到单片机中，同时观察结果。

如果有实物板可把程序下载到实物上再运行、调试。也可以根据图 3-1 提供的原理图与器件清单在万能板上搭出电路后再把已编译所生成的 HEX 文件下载到单片机中。然后再调试运行。

3.3.1　独立式按键与单片机的接口

3.3.1.1　键盘工作原理

键盘在单片机应用中作为输入设备，分为编码键盘和非编码键盘。键盘上闭合键的识别由专用的硬件编码器实现，并产生键编码号或键值的称为编码键盘，如计算机键盘。而靠软件编程来识别的称为非编码键盘。

在单片机组成的各种系统中，用得最多的是非编码键盘。非编码键盘又分为：独立式键盘和行列式（又称为矩阵式）键盘。

在单片机系统中通常使用机械触点式按键开关，其主要功能是把机械上的通断转换成电气上的逻辑关系。也就是说，它能提供标准的 TTL 逻辑电平，以便与通用数字系统的逻辑电平相容。

3.3.1.2　独立式按键与单片机的接口

独立式键盘的接口电路如图 3-18 所示。当检测按键时键盘作为输入，每一个按键对应一根 I/O 线，各键是相互独立的。

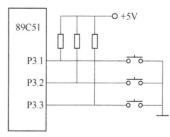

图 3-18　独立式按键电路

独立式按键的电路配置灵活，软件结构简单，但每个按键必须占用一根 I/O 端口线，因此在按键较多时，I/O 端口线浪费较大，不宜采用。

 温馨提示

图中按键输入均采用低电平有效。上拉电阻保证了按键断开时，I/O 端口线有确定的高电平。如果 I/O 端口线内部有上拉电阻时，外电路可不接上拉电阻。

应用时，由软件来识别键盘上的键是否被按下。当某个键被按下时，该键所对应的端口线将由高电平变为低电平。即若单片机检测到某端口线为低电平，则可判断出该端口线所对应的按键被按下。

3.3.2 独立式按键的应用

3.3.2.1 按键的去抖

在任务 3.3 的程序中，要求当第一次按下 k1 键，定时器开始定时；当第二次按下 k1 键，定时器暂停定时。编写了如下按键扫描子函数：

```
/*部分*/
void keyscan()
{
    if(k1==0)
    {
        delay(10);
        if(k1==0)
        {
            while(k1==0);
            TR0=~TR0;
        }
    }
}
```

从独立按键的识别可知，要确定哪个按键被按下，只要读取与该按键相连的单片机端口线的状态。若读回的状态为 1，则按键未被按下；若读回的状态为 0，则可以确定该端口线上的按键被按下了。

那么是否可以简单地认为写如下程序就可以达到按下 k1 键就启动定时器开始定时的目的呢？

```
    if(k1==0)
    {
        TR0=~TR0;
    }
```

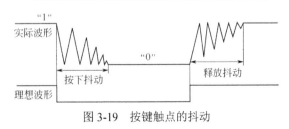

图 3-19 按键触点的抖动

实践证明，这样写不可以。为什么？这是因为机械式按键在按下或释放时，由于机械弹性作用的影响，通常伴随有一定时间的触点机械抖动，然后其触点才稳定下来，抖动时间一般为 5~10ms。如图 3-19 所示。

从图中可看出，理想波形与实际波形之

间是有区别的，实际波形在按下和释放的瞬间都有抖动现象，这是由按键的机械触点造成的，抖动时间的长短和按键的机械特性有关，一般为 5～10ms。这种抖动对于人来说是感觉不到的，但对于单片机而言，这 5～10ms 的抖动时间已是一个"漫长"的时间了。虽然只按了一次键，但单片机却检测到按了多次键，因而容易产生非预期的结果。为使单片机能够正确地判断按键按下，就必须考虑消除抖动。

实现方法：可以使用硬件和软件的方法。硬件去抖如图 3-20 所示。图中两个与非门构成了 RS 触发器。当按键未按下时，输出为 1；当按键按下时，输出为 0。实际上 RS 触发器起到了双稳态电路的作用。经过双稳态电路后，其输出就变成了正规的矩形波。

硬件去抖动的方法常使用在按键数量不多的场合。在单片机应用系统中，当按键较多时，常用的方法是软件延时。当单片机第一次检测到某口线为低电平时，不是立即认定其对应的按键被按下，而是延时 10ms 后再次检测该口线电平。如果仍为低电平，说明该按键确实被按下，通过延时避开了按下时的前沿抖动时间，然后再执行相应任务。实践证明，编写单片机的键盘检测程序时，一般在检测按键按下时需加入去抖动延时，而检测松手时就不必了。

关于松手的检测，在程序中使用了这样一条语句：
```
while(k1==0);
```
它的意思是如果按键没有被释放，单片机读该按键对应的端口线的值为低电平，则 while 语句中表达式的值恒为真，该语句相当于 while(1);，也就是原地等待。只有按键确实被松开了，单片机读该按键对应的端口线的值就为高电平，则 while 语句中表达式的值为假，该语句相当于 while(0);，也就退出死循环，继续执行该语句下面的语句了。

以上按键去抖的处理可以用图 3-21 所示的流程图来表示。

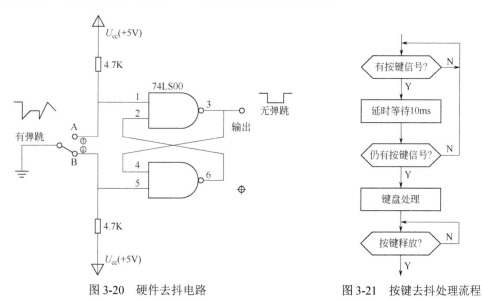

图 3-20 硬件去抖电路　　　　图 3-21 按键去抖处理流程

3.3.2.2 一键多能的使用

日常生活中使用的电器，如电风扇、洗衣机等，它们的操作面板可能很简洁，只有很少的按键，但是功能却很复杂。按下某个键既可以设定时间、又可以设定工作方式等，这是因为这些按键具有一键多能的作用。

可以使用 switch 语句来编写按键扫描的程序。

编写程序，当第一次按下 k1 键时，LED1 亮；第二次按下 k1 键时，LED2 亮；第三次按下 k1 键时，LED3 亮；第四次按下 k1 键时，LED4 亮；第五次按下 k1 键时，返回到 LED1 亮，依此类推。

（1）编写的程序如下：

行号	程序
01	/* proj8.c */
02	#include <REG52.H>　　　　　　　　　//52 单片机头文件
03	#define uchar unsigned char　　　　//宏定义
04	#define uint unsigned int　　　　　//宏定义
05	sbit k1=P3^0;　　　　　　　　　　　//定义按键 k1
06	uchar num,index=0;　　　　　　　　 //定义变量数据类型
07	void delay(uint x)　　　　　　　　 //定义延时子函数
08	void keyscan()　　　　　　　　　　 //定义独立按键扫描子函数
09	{
10	if(k1==0)　　　　　　　　　　　//若按键 k1 按下
11	delay(10);　　　　　　　　 //延时去抖动
12	if(k1==0)　　　　　　　　　//若按键 k1 仍被按下
13	while(k1==0);　　　　　　　//等待按键 k1 松开
14	num=num+1;　　　　　　　　 //按键被按下计数值加 1
15	if(num==5)　　　　　　　　 //若按键 k1 按下 5 次
16	num=1;　　　　　　　　　　 //返回第一次按下状态
17	}
18	switch(num)　　　　　　　　　　//多状态判断
19	case 1: P1=0xfe; break;　　//若按下一次
20	case 2: P1=0xfd; break;　　//若按下二次
21	case 3: P1=0xfb; break;　　//若按下三次
22	case 4: P1=0xf7; break;　　//若按下四次
23	default:break;　　　　　　 //返回
24	}
25	}
26	void main()　　　　　　　　　　　　//定义主函数
27	{
28	while(1)
29	{
30	keyscan();　　　　　　　　 //调用按键扫描子函数
31	}
32	}

（2）程序说明

① 10 行：判断按键是否被按下。

② 11 行：延时，消除抖动。

③ 12 行：再次判断按键是否被按下。

④ 13 行：松手检测。

⑤ 14 行：若按键确实被按下了，则按键次数加 1。

⑥ 15～16 行：若当前按键次数为 5，则重新赋按键次数值为 1。
⑦ 18 行：switch 语句，根据其后的按键次数值进行选择。
⑧ 19 行：若当前按键次数值为 1，则 LED1 亮。
⑨ 20 行：若当前按键次数值为 2，则 LED2 亮。
⑩ 21 行：若当前按键次数值为 3，则 LED3 亮。
⑪ 22 行：若当前按键次数值为 4，则 LED4 亮。
⑫ 23 行：当 swtich 后面的表达式的值与 case 中的值一个都不能匹配时，则跳出 switch 语句。

（3）程序运行图（图 3-22）

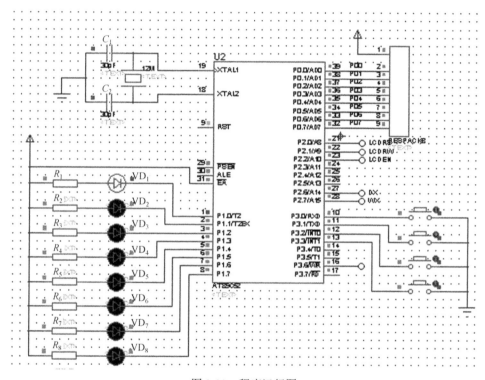

图 3-22　程序运行图

从以上程序可以看出，使用一键多能的方法来编写按键扫描程序，可以使硬件电路变得简单，节省了按键以及单片机 I/O 的使用。

思考与练习

【实战提高】

以图 3-15 设计电路为依据（可直接在任务 3.3 所在目录下打开设计电路文件"proj8_1.DSN"），要求每按一次按键，则在数码管上显示出按键的次数。

【巩固复习】

（1）填空题

① 在单片机组成的各种系统中，用得最多的是非编码键盘。非编码键盘又分为：

（　　　　）键盘和（　　　　）键盘。

② switch/case 语句中，switch 语句后面跟的是（　　　　），而 case 语句后面跟的是（　　　　）。

③ 在程序中，若要使单片机停机，可以使用语句（　　　　）来实现。

（2）选择题

① 按键开关的结构通常是机械弹性元件，在按键按下和断开时，触点在闭合和断开瞬间会产生接触不稳定，为消除抖动引起的不良后果常采用的方法有（　　　　）。

　　A．硬件去抖动　　　　　　B．软件去抖动
　　C．硬、软件两种方法　　　D．单稳态电路去抖方法

② 在程序中判断独立按键是否被按下时，通常的方法是将按键状态读入单片机。当读入状态为（　　　　）时，认为按键被按下了。

　　A．低电平　　　B．高电平　　　C．任意电平　　　D．以上都不可以

【考核与评价】

评价项目	评价内容	分值	自我评价	小组评价	教师评价	得分
技能目标	① 会编写按键扫描函数；	30				
	② 会编写一键多能按键扫描程序	10				
知识目标	① 能领会按键去抖的方法；	10				
	② 能掌握独立式按键与单片机的接口技术	20				
情感态度	① 出勤情况；	5				
	② 纪律表现；	5				
	③ 作业情况；	10				
	④ 团队意识	10				
总分		100				

项目 4

制作可调电子时钟

项目情境创设

在日常生活中总是离不开时间,数字时钟是生活中很实用的计时设备。如手机里的时间显示,火车站、机场及大型广场的时间显示等。一般情况下,数字时钟包括时、分、秒3个部分的显示。这些显示功能可以由单片机来控制实现,因此本项目的最终任务是设计制作一个能显示小时、分钟、秒的简易数字时钟。各种类型的显示器见图 4-1。

图 4-1 各种类型的显示器

任务 4.1 字符型液晶 1602 显示 "WELCOME TO China"

任务描述

编写程序,在字符型液晶显示屏上显示字符等信息。

能力培养目标

① 会编写 1602 字符型液晶显示程序。
② 能了解字符型液晶的工作时序及与 MCS-51 单片机的接口原理。

学习组织形式

采取以小组为单位互助学习,有条件的每人一台电脑,条件有限的可以两人合用一台电脑。用仿真实现所需的功能后如果有实物板(或自制硬件电路)可把程序下载到实物上再运行、调试,学习过程鼓励小组成员积极参与讨论。

任务实施过程

（1）创建硬件电路

实现此任务的电路原理图如图 4-2，系统对应的元器件清单如表 4-1 所示。

表 4-1 字符型液晶显示系统元器件清单

元器件名称	参 数	数 量	元器件名称	参 数	数 量
单片机	89C51	1	电阻	1kΩ	1
IC 插座	DIP40	1	电阻	200Ω	1
晶体振荡器	12MHz	1	瓷片电容	33pF	2
排阻	10kΩ	2	电解电容	22μF	1
16*2 字符型液晶	1602	1			

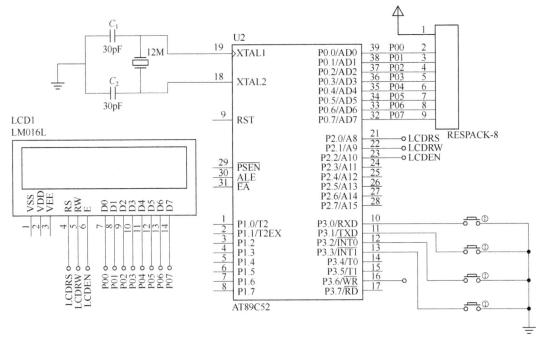

图 4-2 任务 4.1 电路原理图

电路说明：

① 51 单片机一般采用+5V 电源供电；

② 51 单片机的最小系统如前面章节所示；

③ 显示部分采用 16×2 字符型液晶显示器。

（2）程序编写

① 编写的程序如下：

行号	程序	
01	/* proj9.c */	
02	#include <REG52.H>	//52 单片机头文件
03	#define uchar unsigned char	//宏定义
04	#define uint unsigned int	//宏定义

```
05    sbit RS=P2^0;                               //定义数据/指令端口
06    sbit RW=P2^1;                               //定义读写端口
07    sbit EN=P2^2;                               //定义使能端口
08    uchar num;                                  //定义变量数据类型
09    uchar code table[]="WELCOME TO CHINA";      //定义显示字符串数组
10    void delay(uint z)                          //定义延时子函数
11    {
12        uint x,y;
13        for(x=z;x>0;x--)
14            for(y=120;y>0;y--);
15    }
16    void write_cmd(uchar cmd)                   //定义写指令子函数
17    {
18        RW=0;
19        RS=0;
20        EN=0;
21        P0=cmd;
22        delay(5);
23        EN=1;
24        delay(5);
25        EN=0;
26    }
27    void write_dat(uchar dat)                   //定义写数据子函数
28    {
29        RW=0;
30        RS=1;
31        EN=0;
32        P0=dat;
33        delay(5);
34        EN=1;
35        delay(5);
36        EN=0;
37    }
38    void init_1602()                            //定义液晶初始化函数
39    {
40        EN=0;
41        write_cmd(0x38);
42        write_cmd(0x0c);
43        write_cmd(0x06);
44        write_cmd(0x01);
45        write_cmd(0x80);
46    }
47    void main()                                 //定义主函数
48    {
49        init_1602();                            //调用液晶初始化函数
50        {
51        for(num=0;num<16;num++)                 //逐个写入字符
52            {
53                write_dat(table[num]);          //调用写数据函数
```

54		delay(2);	//短暂延时
55		}	
56	}		
57	while(1);		//等待
58	}		

② 程序说明
- 05 行：定义数据/命令选择位。
- 06 行：定义读/写选择位。
- 07 行：定义使能信号。
- 09 行：定义显示字符串内容。
- 10～15 行：定义延时子函数 delay。
- 16～26 行：定义液晶写命令子函数 write_cmd。
- 27～37 行：定义液晶写数据子函数 write_dat。
- 38～46 行：定义液晶初始化子函数 init_1602。
- 47 行～58 行：主函数。

（3）创建程序文件并生成.HEX 文件

打开 MEDWIN，新建项目文件"P9"，创建程序文件"P9_1.C"，输入上述程序，然后按工具栏上的"产生代码并装入"按钮（或按 CTRL+F8），此时将在屏幕的构建窗口中看到如图 4-3 所示的信息，它代表编译没有错误、也没有警告信息，且在对应任务文件夹的 OUTPUT 子目录中已生成目标文件"P9.Hex"。

图 4-3 编译过程信息提示

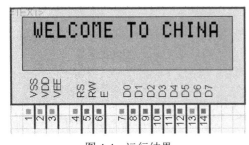

图 4-4 运行结果

（4）运行程序观察结果

在 Proteus 中打开任务 4.1 设计电路"proj9dsn"，把已编译所生成的 HEX 文件下载到单片机中，同时观察结果。如图 4-4 所示。

如果有实物板可把程序下载到实物上再运行、调试。也可以根据图 4-2 提供的原理图与器件清单在万能板上搭出电路后再把已编译所生成的 HEX 文件下载到单片机中，然后再调试运行。

4.1.1 字符型液晶显示和接口

4.1.1.1 LCD 液晶显示器

液晶是一种高分子材料，因为其特殊的物理、化学、光学特性，具有微功耗、体积小、显示内容丰富、超薄轻巧等特点，目前广泛应用在轻薄型显示器上。

各种型号的液晶通常是按照显示字符的行数或液晶点阵的行、列数来命名的。比如，1602的意思是每行显示16个字符，共有2行显示。1602液晶属于字符型液晶，即只能显示ASCII码字符，如数字、大小写字母、各种符号等。其他类型的液晶，如12232属于图形型液晶，它是由122列、32行组成，即共有122×32个点来显示各种图形，可以通过程序控制这122×32个点中的任一个点显示或不显示。

以1602LCD液晶显示为例，其外形如图4-5和图4-6所示。

图4-5　1602LCD液晶显示器正面图

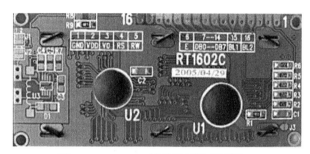
图4-6　1602LCD液晶显示器背面图

4.1.1.2 LCD 液晶显示器的引脚和主要技术参数

（1）引脚说明

编号	符号	引脚说明	编号	符号	引脚说明
1	VSS	电源地	9	D2	并行数据端口
2	VDD	电源正极	10	D3	并行数据端口
3	VO	对比度调节	11	D4	并行数据端口
4	RS	数据/命令选择	12	D5	并行数据端口
5	RW	读/写选择	13	D6	并行数据端口
6	EN	使能信号	14	D7	并行数据端口
7	D0	并行数据端口	15	BLA	背光电源正极
8	D1	并行数据端口	16	BLK	背光电源负极

只需要关注以下几个管脚。

- 3脚：VO，液晶显示偏压信号，用于调整LCD1602的显示对比度，一般会外接电位器用以调整偏压信号，注意此脚电压为0时可以得到最强的对比度。
- 4脚：RS，数据/命令选择端，当此脚为高电平时，可以对1602进行数据字节的传输操作，而为低电平时，则是进行命令字节的传输操作。命令字节，即是用来对LCD1602的一些工作方式作设置的字节；数据字节，即是用在1602上显示字符的字节。
- 5脚：R/W，读写选择端。当此脚为高电平可对LCD1602进行读数据操作，反之进行写数据操作。
- 6脚：EN，使能信号，其实是LCD1602的数据控制时钟信号，利用该信号的上升沿实现对LCD1602的数据传输。

- 7～14脚：8位并行数据口，使得对LCD1602的数据读写大为方便。

（2）主要技术参数

1602的主要技术参数如表4-2所示。

表4-2 主要技术参数

显示容量	16×2 个字符
芯片工作电压	4.5～5.5V
工作电流	2.0mA
字符尺寸	2.95mm × 4.35mm（$W \times H$）

4.1.2 字符型液晶的应用

4.1.2.1 1602LCD液晶显示器的操作时序

单片机对1602进行操作时，必须严格按照液晶的操作时序来进行。与操作时序相关的引脚主要是RS、RW和EN。对液晶的操作主要是读写操作。如表4-3所示。

表4-3 操作时序

RS	RW	EN	操作说明	输　出
L	H	H	读状态	D0～D7=状态字
H	H	H	读数据	无
L	L	高脉冲	写指令	D0～D7=数据
H	L	高脉冲	写数据	无

温馨提示

原则上每次对液晶显示器进行读写操作之前都必须进行读"忙"状态检测，确保液晶控制器处于空闲状态。实际上，由于单片机的操作速度慢于液晶控制器的反应速度，因此可以不进行读"忙"状态检测，或只进行简短延时即可。

图4-7描述了对液晶进行写操作的详细时序图。它是编写液晶程序的依据。

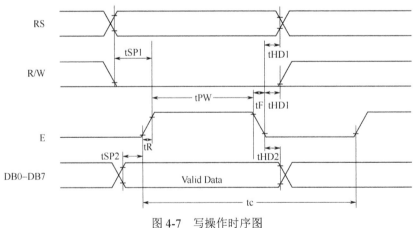

图4-7 写操作时序图

从图中可以看出，在写操作时，先设置RS和RW状态，再设置数据，然后产生使能信号EN的高脉冲，最后复位RS和RW状态。

4.1.2.2 RAM 地址映射图及数据指针

① 液晶控制器内部带有 80B 的 RAM 缓冲区，对应关系如表 4-4 所示。

表 4-4 1602 内部 RAM 地址映射图

00	01	02	03	04	05	06	07	08	09	0A	0B	0C	0D	0E	0F	10	…	27
40	41	42	43	44	45	46	47	48	49	4A	4B	4C	4D	4E	4F	50	…	67

当向图中的 00～0F、40～4F 地址中的任一处写入显示数据时，液晶都可以立即显示出来，当写入到 10～27 或 50～67 地址处时，必须通过移屏指令将它们移入可显示区域方可正常显示。

② 数据指针的设置。

液晶控制器内部设有一个数据地址指针，用户可以通过它们访问内部的全部 80B 的 RAM。如表 4-5 所示。

表 4-5 数据指针的设置

指 令 码	功 能
80H+地址码（0～27H，40～67H）	设置数据地址指针

4.1.2.3 功能设置（表 4-6）

表 4-6 功能设置

指令	RS	RW	D7	D6	D5	D4	D3	D2	D1	D0
清显示	0	0	0	0	0	0	0	0	0	1
光标返回	0	0	0	0	0	0	0	0	1	*
置输入模式	0	0	0	0	0	0	0	1	I/D	S
显示开/关控制	0	0	0	0	0	0	1	D	C	B
光标或字符移位	0	0	0	0	0	1	S/C	R/L	*	*
设置功能	0	0	0	0	1	DL	N	F	*	*

说明：

- 指令 1：清除显示，指令码 01H。光标复位到地址 00H 位置。
- 指令 2：光标复位，指令码 02H（或 03H）。光标返回到地址 00H 位置。
- 指令 3：光标和显示模式设置。I/D：光标移动方向。高电平右移，低电平左移；S：屏幕上所有文字是否左移或右移。高电平表示有效，低电平则无效。
- 指令 4：显示开关控制。D：控制整体显示的开与关。高电平表示开显示，低电平表示关显示；C：控制光标的开与关。高电平表示有光标，低电平表示无光标；B：控制光标是否闪烁。高电平表示光标闪烁，低电平表示光标不闪烁。
- 指令 5：光标或显示移位。S/C：高电平时移动显示的文字，低电平时移动光标。R/L：左移或右移。高电平时整屏左移，低电平时整屏右移。
- 指令 6：功能设置命令。DL：低电平时为 4 位总线，高电平为 8 位总线；N：低电平时为单行显示，高电平时为双行显示；F：低电平时显示 5×7 的点阵字符，高电平时显示 5×10 的点阵字符。

在任务 4.1 程序中，定义了液晶写指令子函数 write_cmd。

```
void write_cmd(uchar cmd)
{
    RW=0;
    RS=0;
    EN=0;
    P0=cmd;
    delay(5);
    EN=1;
    delay(5);
    EN=0;
}
```

- 01 行：定义液晶写指令子函数，该子函数带有无符号字符型的形参 cmd。
- 03 行：读/写选择为 0，即设置为写操作模式。
- 04 行：数据/命令选择为 0，即进行写入指令的操作。
- 06 行：将要写的指令字送到数据总线上。
- 05～10 行：产生使能信号 EN 的高脉冲。

在任务 4.1 程序中，定义了液晶写数据子函数 write_dat。

```
void write_dat(uchar dat)
{
    RW=0;
    RS=1;
    EN=0;
    P0=dat;
    delay(5);
    EN=1;
    delay(5);
    EN=0;
}
```

- 01 行：定义液晶写数据子函数，该子函数带有无符号字符型的形参 dat。
- 03 行：读/写选择为 0，即设置为写操作模式。
- 04 行：数据/命令选择为 1，即进行写入数据的操作。
- 06 行：将要写的数据字送到数据总线上。
- 05～10 行：产生使能信号 EN 的高脉冲。

在任务 4.1 程序中，定义了液晶初始化子函数 init_1602。

```
void init_1602()
{
    EN=0;
    write_cmd(0x38);
    write_cmd(0x0c);
    write_cmd(0x06);
    write_cmd(0x01);
    write_cmd(0x80);
}
```

- 04 行：设置为 8 位数据总线，双行显示，5×7 的点阵字符。
- 05 行：设置开显示，不显示光标。
- 06 行：写一个字符后地址指针加 1。
- 07 行：显示清零，数据指针清零。
- 08 行：设置数据指针初始值为 80H。

在任务 4.1 程序中，定义了主函数 main.。

```
void main()
{
    init_1602();
    {
    for(num=0;num<16;num++)
        {
            write_dat(table[num]);
            delay(2);
        }
    }
    while(1);
}
```

- 05～10 行：要显示的字符串有 16 个字符，因此使用 for 循环语句将字符逐个写入液晶控制器的 RAM 中。即第一个字符放在 80H，第二个字符放在 81H，依次类推。写入一个字符就进行短暂的延时，防止控制器处于"忙"状态而出现错误。

思考与练习

【实战提高】

① 以图 4-1 设计电路为依据（可直接在任务 4.1 所在目录下打开设计电路文件 "proj9_1.DSN"），要求在第一行显示 "I LIKE MCU!"，在第二行写入 "www.shitac.net"。

② 以图 4-1 设计电路为依据（可直接在任务 4.1 所在目录下打开设计电路文件 "proj9_1.DSN"），要求在第一行从右侧移入字符串 "Hello everyone!"。

【巩固复习】

（1）填空题

① 在 1602 液晶控制器中，若需要设置为 4 位总线方式，则应使功能设置命令中的 DL 为（　　）电平。

② 在 1602 液晶控制器中，若要使显示屏上的光标闪烁，则应使功能设置命令中的 B 为（　　）电平。

③ 在 1602 液晶控制器中，若要使显示屏上的光标移动方向为右移，则应使功能设置命令中的 I/D 为（　　）电平。

（2）选择题

① 在 1602 液晶控制器中，若需要设置为 8 位总线方式，单行显示，显示为 5×10 的点阵字符时，应设置的命令字为（　　）。

A. 38H B. 34H C. 28H D. 36H

② 在 1602 液晶控制器中，若需要设置为 4 位总线方式，双行显示，显示为 5×7 的点阵字符时，应设置的命令字为（   ）。

A. 38H B. 34H C. 28H D. 36H

【考核与评价】

评价项目	评价内容	分值	自我评价	小组评价	教师评价	得分
技能目标	① 会编写液晶初始化函数； ② 会编写液晶写指令和写数据函数	20 20				
知识目标	① 能读懂液晶操作时序； ② 能掌握液晶设置方法	10 20				
情感态度	① 出勤情况； ② 纪律表现； ③ 作业情况； ④ 团队意识	5 5 10 10				
总分		100				

任务 4.2　制作可调电子时钟

任务描述

本任务是通过编写程序，制作一个可以调整时间的电子时钟，并显示在 1602 字符型液晶上。要求第一次按下 k1 键，此时系统用光标闪烁来提示可以调整秒；第二次按下 k1 键，此时系统用光标闪烁来提示可以调整分钟；第三次按下 k1 键，此时系统用光标闪烁来提示可以调整小时。第四次按下 k1 键，又回到调整秒的功能。配合按 k2 或 k3 键来增加或减小设置的数值。

能力培养目标

① 能掌握项目开发过程。
② 会编写可调时钟程序。
③ 能加深对定时器中断的应用。

学习组织形式

采取以小组为单位互助学习，有条件的每人一台电脑，条件有限的可以两人合用一台电脑。用仿真实现所需的功能后如果有实物板（或自制硬件电路）可把程序下载到实物上再运行、调试，学习过程鼓励小组成员积极参与讨论。

任务实施过程

（1）创建硬件电路
实现此任务的电路原理图如图 4-8，系统对应的元器件清单如表 4-7 所示。

表 4-7 字符型液晶显示系统元器件清单

元器件名称	参　数	数　量	元器件名称	参　数	数　量
单片机	89C51	1	电阻	1kΩ	1
IC 插座	DIP40	1	电阻	200Ω	1
晶体振荡器	12MHz	1	瓷片电容	33pF	2
排阻	10kΩ	2	电解电容	22μF	1
16×2 字符型液晶	1602	1	按钮		3

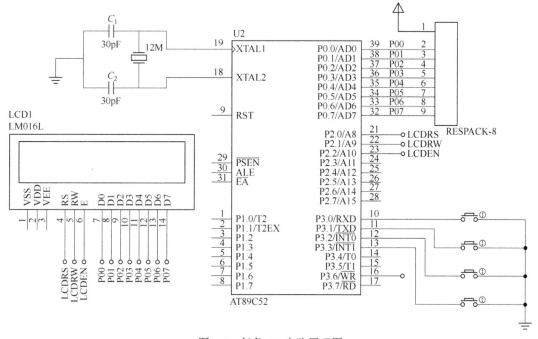

图 4-8　任务 4.2 电路原理图

电路说明：

① 51 单片机一般采用+5V 电源供电；

② 51 单片机的最小系统如前面章节所示；

③ 显示部分采用 1602 字符型液晶显示器。

（2）程序编写

① 编写的程序如下：

行号	程序
01	/* proj9.c */
02	#include <REG52.H>　　　　　//52 单片机头文件
03	#define uchar unsigned char　//宏定义
04	#define uint unsigned int　　//宏定义
05	sbit RS=P2^0;　　　　　　　　//定义数据/命令端口
06	sbit RW=P2^1;　　　　　　　　//定义读写端口
07	sbit EN=P2^2;　　　　　　　　//定义使能端口
08	sbit k1=P3^0;　　　　　　　　//定义独立按键 k1
09	sbit k2=P3^1;　　　　　　　　//定义独立按键 k2

```c
10    sbit k3=P3^2;                          //定义独立按键k3
11    uchar cnt,k1num,sec,hour,min;    //定义变量的数据类型
12    uchar code table[]=" BEIJING TIME";//第一行显示内容
13    uchar code table1[]="   00:00:00";//第二行显示内容
14    //定义延时子函数delay
15    //定义液晶写指令子函数write_cmd
16    //定义液晶写数据子函数write_dat
17    void init()                    //定义液晶和定时器初始化子函数
18    {
19        uchar num;
20        EN=0;
21        write_cmd(0x38);  //8位数据总线双行显示,5×7的点阵字符
22        write_cmd(0x0c);  //设置开显示,不显示光标
23        write_cmd(0x06);  //写一个字符后地址指针加1
24        write_cmd(0x01);  //显示清零,数据指针清零
25        write_cmd(0x80);  //设置数据指针初始值为80H
26        for(num=0;num<15;num++)
27        {
28            write_dat(table[num]); //逐个写入第一行显示字符
29            delay(5);
30        }
31        write_cmd(0x80+0x40);  //设置数据指针初始值为C0H
32        for(num=0;num<12;num++)
33        {
34            write_dat(table1[num]); //逐个写入第二行显示字符
35            delay(5);
36        }
37        TMOD=0x01;              //定时器工作模式
38        TH0=(65536-50000)/256;  //预置定时器高8位初值
39        TL0=(65536-50000)%256;  //预置定时器低8位初值
40        EA=1;                   //开放总中断
41        ET0=1;                  //开放定时器0中断
42        TR0=1;                  //启动定时器0
43    }
44    void write_time(uchar add,uchar dat)//定义写入时间显示子函数
45    {
46        write_cmd(0x80+0x40+add);  //显示起始位置为0xC0+add
47        write_dat(0x30+dat/10);  //将数据的十位转换成ASCII码
48        write_dat(0x30+dat%10);  //将数据的个位转换成ASCII码
49    }
50    定义按键扫描子函数keyscan
51    void main()       //定义主函数
52    {
53        init();       //调用初始化函数
```

```
54          while(1)
55          {
56              keyscan();    //调用按键扫描子函数
57          }
58      }
59      void timer0() interrupt 1   //定义定时器 0 中断服务函数
60      {
61          TH0=(65536-50000)/256;   //重新预置定时器 0 高 8 位初值
62          TL0=(65536-50000)%256;   //重新预置定时器 0 低 8 位初值
63          cnt++;                   //每中断 50ms，变量 cnt 值加 1
64          if(cnt==20)              //若 cnt 值为 50，则定时为 1s
65          {
66              cnt=0;               //变量 cnt 值清 0
67              sec++;               //秒值加 1
68              if(sec==60)          //若秒=60
69              {
70                  sec=0;           //秒清 0
71                  min++;           //分钟值加 1
72                  if(min==60)      //若分钟=60
73                  {
74                      min=0;       //分钟值清 0
75                      hour++;      //小时加 1
76                      if(hour==24) //若小时值=24
77                      {
78                          hour=0;  //小时清 0
79                      }
80                      write_time(4,hour); //在第二行写入小时值
81                  }
82                  write_time(7,min);      //在第二行写入分钟值
83              }
84          write_time(10,sec);             //在第二行写入秒值
85          }
86      }
```

② 程序说明
- 05 行：定义数据/命令选择位
- 06 行：定义读/写选择位
- 07 行：定义使能信号
- 08 行：定义按键 k1
- 09 行：定义按键 k2
- 10 行：定义按键 k3
- 11 行：定义程序中使用到的各个变量
- 12 行：1602 字符型液晶第一行显示的字符串，该字符串共 15 个字符，显示位置固定，在液晶控制器 RAM 的地址为 00H 到 0EH。显示的内容为"BEIJING TIME"

- 13 行：1602 字符型液晶第二行显示的字符串，该字符串共 12 个字符，显示位置固定，在液晶控制器 RAM 的地址为 40H 到 4BH。显示的内容为"00:00:00"
- 14 行：定义延时子函数 delay，程序代码同任务 4.1
- 15 行：定义液晶写指令子函数 write_cmd，程序代码同任务 4.1
- 16 行：定义液晶写指令子函数 write_dat，程序代码同任务 4.1
- 17 行：定义系统初始化子函数 init。该子函数包括 1602 液晶显示初始化设置和定时器 T0 的初始化设置。
- 19 行：定义局部变量 num，该变量的作用域仅在调用该变量的子函数 init 中。
- 21 行：设置为 8 位数据总线，双行显示，5×7 的点阵字符
- 22 行：设置开显示，不显示光标
- 23 行：写一个字符后地址指针加 1
- 24 行：显示清零，数据指针清零
- 25 行：设置数据指针初始值为 80H
- 26～30 行：使用 for 循环语句将字符串"BEIJING TIME"显示在 1602 字符型液晶的第一行
- 31～36 行：使用 for 循环语句将字符串"00:00:00"显示在 1602 字符型液晶的第二行
- 37 行：定义定时/计数器 T0 为定时器，工作于方式 1，即 16 位计数器，计数容量为 65536 个机器脉冲。
- 38 行：预置 T0 的高 8 位计数器 TH0 初值为 50000。
- 39 行：预置 T0 的低 8 位计数器 TL0 初值为 50000。
- 40 行：允许定时器 0 中断。
- 41 行：中断总允许。
- 42 行：启动定时器 0。
- 44～49 行：定义写入时间子函数 write_time。该函数带了两个形式参数，分别为将要写入的 RAM 地址 add 和数据内容 dat。函数中第一条语句 write_cmd(0x80+0x40+add)，指定了调用该函数时实际参数应为字符型液晶显示器的 RAM 第二行地址。函数中第二条语句 write_dat(0x30+dat/10)，指定了调用该函数时实际参数应为显示数据用 ASCII 码表示的十位数上的值。比如显示秒等于 36 时，即秒的高位"3"。函数中第三条语句 write_dat(0x30+dat%10)，指定了调用该函数时实际参数应为显示数据用 ASCII 码表示的个位数上的值。比如显示秒等于 36 时，即秒的低位"6"。
- 50 行：定义按键扫描子函数 keyscan
- 51～58 行：主函数，始终调用按键扫描子函数 keyscan
- 59～86 行：中断服务子函数 timer0

（3）创建程序文件并生成 .HEX 文件

打开 MEDWIN，新建项目文件"P10"，创建程序文件"P10_1.C"，输入上述程序，然后按工具栏上的"产生代码并载入"按钮（或按 CTRL+F8），此时将在屏幕的构建窗口中看到下如图 4-9 所示的信息，它代表编译没有错误、也没有警告信息，且在对应任务文件夹的 OUTPUT 子目录中已生成目标文件"P10.HEX"。

（4）运行程序观察结果

在 Proteus 中打开任务 4.2 设计电路"proj10.dsn"，把已编译所生成的 HEX 文件下载到单片机中，同时观察结果。如图 4-10 所示。

```
================================ 构 建 项 目 ================================
正在编译文件: "F:\WorkDir\P10\P10_1.c"...
    <编译命令行> C:\Keil\C51\Bin\C51.EXE P10_1.c DB OE
    <编译器提示> C51 COMPILER V7.00 - SN: Eval Version
    <编译器提示> COPYRIGHT KEIL ELEKTRONIK GmbH 1987 - 2002
    <编译器提示> C51 COMPILATION COMPLETE.  0 WARNING(S),  0 ERROR(S)
正在连接项目: "P10"...
    <连接命令行> C:\Keil\C51\Bin\BL51.EXE P10_1.obj TO P10.omf  RAMSIZE(128)
    <连接器提示> BL51 BANKED LINKER/LOCATER V5.00 - SN: Eval Version
    <连接器提示> COPYRIGHT KEIL ELEKTRONIK GmbH 1987 - 2002
    <连接器提示> Program Size: data=14.0 xdata=0 code=604
    <连接器提示> LINK/LOCATE RUN COMPLETE.  0 WARNING(S),  0 ERROR(S)
正在生成代码输出文件
    <代码输出提示> 代码文件输出到: "F:\WorkDir\P10\Output\P10.hex"。
```

图 4-9 编译过程信息提示

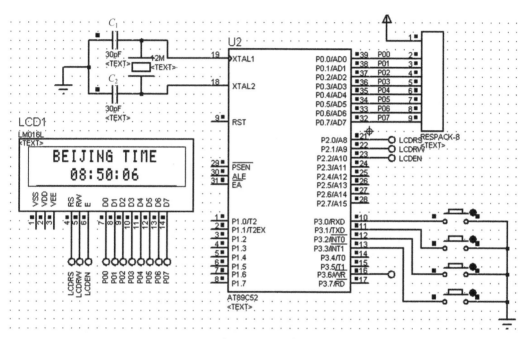

图 4-10 运行结果

如果有实物板可把程序下载到实物上再运行、调试。也可以根据图 4-8 提供的原理图与器件清单在万能板上搭出电路后再把已编译所生成的 HEX 文件下载到单片机中。然后再调试运行。

4.2.1 按键扫描子函数

在本任务中，要求的按键动作要求是：

k1 键为秒、分钟、小时的选择键。当第一次按下 k1 键，系统用光标闪烁来提示可以调整秒；第二次按下 k1 键，系统用光标闪烁来提示可以调整分钟；第三次按下 k1 键，系统用光标闪烁来提示可以调整小时；第四次按下 k1 键，又回到调整秒的功能。k2 键为增加键，k3 键为减小键，用于增加或减小设置的数值。

为此，可以采用一键多能的方法来定义按键扫描函数。

行号	程序
01	`void keyscan()`
02	`{`
03	`    if(k1==0)                //若 k1 键按下`
04	`    {`

```
05              delay(5),               //延时消抖动
06              if(k1==0)               //若 k1 键仍按下
07              {
08              k1num++;                //k1 键按下计数值加 1
09                  while(k1==0);       //等待 k1 键松开
10                  if(k1num==1)        //若 k1 键第一次按下
11                  {
12                      TR0=0;          //停止定时器
13                      write_cmd(0x80+0x40+10);//定位到秒显示处
14                      write_cmd(0x0f);    //光标闪烁
15                  }
16              }
17              if(k1num==2)            //若 k1 键第二次按下
18              {
19                  write_cmd(0x80+0x40+7);  //定位到分钟显示处
20              }
21              if(k1num==3)            //若 k1 键第三次按下
22              {
23                  write_cmd(0x80+0x40+4);  //定位到小时显示处
24              }
25              if(k1num==4)            //若 k1 键第四次按下
26              {
27                  k1num=0;            //按键按下计数值清 0
28                  write_cmd(0x0c);    //不显示光标
29                  TR0=1;              //启动定时器
30              }
31          }
32          if(k1num!=0)                //定时器 0 处于停止状态
33          {
34              if(k2==0)               //若 k2 键按下
35              {
36                  delay(5);
37                  if(k2==0)
38                  {
39                      while(k2==0);
40                      if(k1num==1)    //若为调整秒值
41                      {
42                          sec++;      //将秒值加 1
43                          if(sec==60)
44                          sec=0;
45                          write_time(10,sec); //写入调整后的秒值
46                          write_cmd(0x80+0x40+10);
```

```
47                    }
48                    if(k1num==2)  //若为调整分钟值
49                    {
50                        min++;   //将分钟值加 1
51                        if(min==60)
52                        min=0;
53                        write_time(7,min);  //写入调整后的分钟值
54                        write_cmd(0x80+0x40+7);
55                    }
56                    if(k1num==3)  //若为调整小时值
57                    {
58                        hour++;  //将小时值加 1
59                        if(hour==24)
60                        hour=0;
61                        write_time(4,hour);  //写入调整后的小时值
62                        write_cmd(0x80+0x40+4);
63                    }
64                }
65            }
66            if(k3==0)  //若 k2 键按下
67            {
68                delay(5);
69                if(k3==0)
70                    while(k3==0);
71                    if(k1num==1)  //若为调整秒值
72                    {
73                        sec--;  //将秒值减 1
74                        if(sec==-1)
75                        sec=59;
76                        write_time(10,sec);  //写入调整后的秒值
77                        write_cmd(0x80+0x40+10);
78                    }
79                    if(k1num==2)  //若为调整分钟值
80                    {
81                        min--;  //将分钟值减 1
82                        if(min==-1)
83                        min=59;
84                        write_time(7,min);  //写入调整后的分钟值
85                        write_cmd(0x80+0x40+7);
86                    }
87                    if(k1num==3)  //若为调整小时值
88                    {
89                        hour--;  //将小时值减 1
```

90	if(hour==-1)
91	hour=23;
92	write_time(4,hour); //写入调整后的小时值
93	write_cmd(0x80+0x40+4);
94	}
95	}
96	}
97	}
98	}

- 08 行：记录 k1 键按下的次数
- 10～15 行：如果第一次按下 k1 键，则 k1num 的值为 1，即选择调整秒。首先应停止定时器计数，再将液晶光标定位到第二行第 10 位，即 RAM 地址为 0x80 + 0x40 + 10。此位在程序中显示的是秒的高位。同时，调用写指令子函数 write_cmd 写入命令字 0x0f，使光标闪烁。
- 17～20 行：如果第二次按下 k1 键，则 k1num 的值为 2，即选择调整分钟。将液晶光标定位到第二行第 7 位，即 RAM 地址为 0x80 + 0x40 + 7。此位在程序中显示的是分钟的高位。因为在前面语句中已经停止了定时器，液晶显示的光标也已经通过命令使其闪烁了，此处就不用再次写相同的语句。
- 21～24 行：如果第三次按下 k1 键，则 k1num 的值为 3，即选择调整小时。将液晶光标定位到第二行第 7 位，即 RAM 地址为 0x80 + 0x40 + 4。此位在程序中显示的是小时的高位。因为在前面语句中已经停止了定时器，液晶显示的光标也已经通过命令使其闪烁了，此处就不用再次写相同的语句。
- 25～30 行：如果第四次按下 k1 键，则 k1num 的值为 4，此时说明不选择调整秒、分钟或小时，则使 k1num 的值清 0，调用写指令子函数 write_cmd 写入命令字 0x0c，使光标停止闪烁。
- 32 行：如果 k1num 的值不为 0，说明至少已经按下过 k1 键一次以上，有调整秒、分钟或小时的需要。此时，还应该继续判断 k2 键或 k3 键被按下与否。根据 k1k2 键的组合或 k1k3 键的组合，可以进行增加秒值、减小秒值、增加分钟值、减小分钟值、增加小时值和减小小时值的设置。
- 40～47 行：第一次按下 k1 键，则 k1num 的值为 1，说明要调整秒的数值。当 k2 键被按下后，则进行增加秒的设置值。因为秒的显示值最大为 59，所以在增加秒的设置值时，进行判断，当设置值为 60 了，应该回到 0。在修改秒的设置值时，同时使光标重新定位到液晶显示器的第二行第 10 位上。
- 48～55 行：第二次按下 k1 键，则 k1num 的值为 2，说明要调整分钟的数值。当 k2 键被按下后，则进行增加分钟的设置值。因为分钟的显示值最大为 59，所以在增加分钟的设置值时，进行判断，当设置值为 60 了，应该回到 0。在修改分钟的设置值时，同时使光标重新定位到液晶显示器的第二行第 7 位上。
- 56～63 行：第三次按下 k1 键，则 k1num 的值为 3，说明要调整小时的数值。当 k2 键被按下后，则进行增加小时的设置值。因为小时的显示值最大为 23，所以在增加小时的设置值时，进行判断，当设置值为 24 了，应该回到 0。在修改小时的设置值时，同时使光标重新定位到液晶显示器的第二行第 4 位上。

- 71～78 行：第一次按下 k1 键，则 k1num 的值为 1，说明要调整秒的数值。当 k3 键被按下后，则进行减小秒的设置值。因为秒的显示值最小为 0，所以在减小秒的设置值时，进行判断，当设置值为-1 了，应该回到 59。在修改秒的设置值时，同时使光标重新定位到液晶显示器的第二行第 10 位上。
- 79～86 行：第二次按下 k1 键，则 k1num 的值为 2，说明要调整分钟的数值。当 k3 键被按下后，则进行减小分钟的设置值。因为分钟的显示值最小为 0，所以在减小分钟的设置值时，进行判断，当设置值为-1 了，应该回到 59。在修改分钟的设置值时，同时使光标重新定位到液晶显示器的第二行第 7 位上。
- 87～94 行：第三次按下 k1 键，则 k1num 的值为 3，说明要调整小时的数值。当 k3 键被按下后，则进行减小小时的设置值。因为小时的显示值最小为 0，所以在减小小时的设置值时，进行判断，当设置值为-1 了，应该回到 23。在修改小时的设置值时，同时使光标重新定位到液晶显示器的第二行第 4 位上。

4.2.2 定时中断函数

中断函数中，主要是利用定时器 T0 进行定时操作，每 50ms 中断一次，中断了 20 次后，即定时 1s。然后就修改秒、分和小时的值，同时在液晶显示器的相应位置进行显示。可以用图 4-11 所示的流程图表示。

```
void timer0() interrupt 1
{
    TH0=(65536-50000)/256;
    TL0=(65536-50000)%256;
    cnt++;
    if(cnt==20)
    {
        cnt=0;
        sec++;
        if(sec==60)
        {
            sec=0;
            min++;
            if(min==60)
            {
                min=0;
                hour++;
                if(hour==24)
                {
                    hour=0;
                }
                write_time(4,hour);
            }
            write_time(7,min);
        }
        write_time(10,sec);
    }
}
```

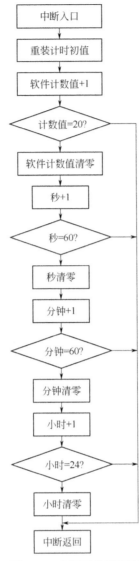

图 4-11 中断函数流程图

思考与练习

【实战提高】

① 以图 4-8 设计电路为依据（可直接在任务 4.2 所在目录下打开设计电路文件"proj10_1.DSN"），基本要求同任务 4.2，液晶采用 4 位总线方式控制，试编写程序。

② 以图 4-8 设计电路为依据（可直接在本任务所在目录下打开设计电路文件"proj10_1.DSN"），要求液晶第一行显示的字符可以在显示屏上循环移动，试编写程序。

【巩固复习】

（1）填空题

① 在本任务中，若使用定时器 T1 来定时，采用 16 位定时器工作方式，则应设置方式

控制寄存器 TMOD 的值为（　　）。

② 定时器应用时，使定时器 T0 启动的寄存器位名为（　　）。

③ 当选择开放定时器 1 中断时，应设置 IP 寄存器中的 EA 和 ET1 位为 1，如果采用字节寻址的话，则相应的值为（　　）。

（2）选择题

① 在本任务中，若需要设置为 4 位总线方式，两行显示，显示为 5×10 的点阵字符时，应设置的命令字为（　　）；

    A．38H   B．34H   C．28H   D．2CH

② 在本任务中，定时器中断采用了定时 50ms，然后再使用一个变量 cnt。当变量 cnt 值为 20 时，则认为定时 1s 时间到。若选择定时器定时为 40ms，则相应的 cnt 计数值为（　　）。

    A．20   B．25   C．40   D．60

【考核与评价】

评价项目	评价内容	分值	自我评价	小组评价	教师评价	得分
技能目标	① 会编写液晶显示函数；	20				
	② 会编写定时器中断函数	20				
知识目标	① 熟练掌握字符型液晶的相关知识；	20				
	② 能掌握液晶设置方法及时序	10				
情感态度	① 出勤情况；	5				
	② 纪律表现；	5				
	③ 作业情况；	10				
	④ 团队意识	10				
总分		100				

项目 5

设计计算器

项目情境描述

在计算机原理中经常要用到二—十进制、十—十六进制之间的转换，在实际应用中也常常要进行加减乘除等四则运算，正如 WINDOW 中的计算器那样，能否自己来设计一个呢？

任务 5.1　二进制→十进制转换器

任务描述

输入一串二进制数，按下转换键把它变成十进制数。

能力培养目标

① 会编写二进制→十进制数转换程序。
② 能领会键盘扫描原理。
③ 会画程序流程图。

学习组织形式

采取以小组为单位互助学习，有条件的每人一台电脑，条件有限的可以两人合用一台电脑。用仿真实现所需的功能后如果有实物板（或自制硬件电路）可把程序下载到实物上再运行、调试，学习过程鼓励小组成员积极参与讨论。

任务实施过程

（1）创建硬件电路

电路设计如图 5-1 所示。

图中，共阴数码管的 8 个段 A、B、C、…分别与 74HC573 锁存器（U2）的 Q0、Q1、Q2…Q7 相连，共阴数码管的 8 个位控制端 1、2、3、…8 分别与 74HC573 锁存器（U3）的 Q0、Q1、Q2…Q7 相连，U2 的输入允许控制端 LE（高电平打开输入端）与 P2.6 相连，U3 的输入允许控制端 LE 与 P2.7 相连，U2、U3 的 OE-接地（即两个 74HC573 锁存器的输出始终处于打开状态）。右下角四个按键从左到右依次为"0、1、=、C"，其中"0"和"1"用于二进制数的输入,"="代表要把二进制转换为十进制数,"C"键用于清除,它们分别与 P3.4、P3.5、P3.6、P3.7 相连。

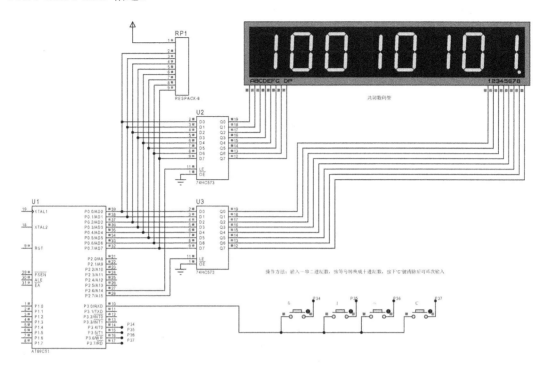

图 5-1 二进制→十进制数转换

实现此功能的系统元器件清单如表 5-1。

表 5-1 二进制→十进制数转换系统元器件清单

元器件名称	参　数	数　量	元器件名称	参　数	数　量
电解电容	22μF	1	IC 插座	DIP40	1
瓷片电容	30pF	2	单片机	89C51	1
晶体振荡器	12MHz	1	排阻	8×200Ω	1
弹性按键		1	锁存器	74HC573	2
电阻	1kΩ	1	IC 插座	DIP20	2
按键		4	数码管	8 位×8 段共阴极	1

注：表中灰色底纹部分为系统时钟与复位电路所需的元器件,在图 5-1 中未画出,参见图 1-1。

（2）程序编写

① 编程思想。

采用模块化编程,除主函数外,本程序共有 7 个子函数：延时子函数 delay(uint t)、显示子函数 disp( )、按键扫描子函数 getkey( )、初始化显示缓冲区子函数 disp_init( )、二进制位左移子函数 leftmove(uchar k)、二进制到十进制转换子函数 btod( )、按键识别与处理子函数 key( )。各流程见图 5-2～图 5-4。

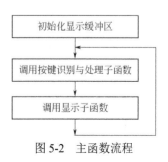

图 5-2 主函数流程

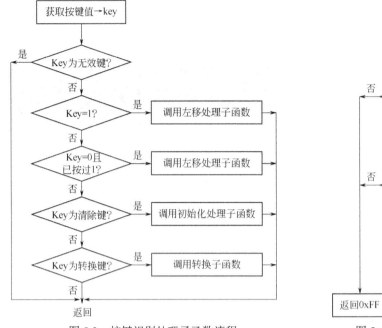
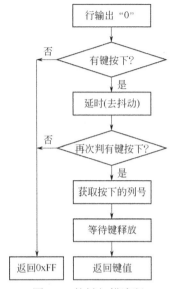

图 5-3　按键识别处理子函数流程　　　图 5-4　按键扫描流程

② 编写程序如下：

行号	程序
01	//proj11.c
02	//二进制→十进制数转换程序
03	#include<reg52.h>　　　　　　//52 系列单片机头文件
04	#define uchar unsigned char//宏定义
05	#define uint unsigned int//宏定义
06	#define dis_port P0　　　//宏定义
07	#define key_port P3　　　//宏定义
08	sbit dx=P2^6;//定义 74HC573 段选位
09	sbit wx=P2^7;//定义 74HC573 位选位
10	uchar number=0,len=0;
11	bit flag1=0;//是否已输入过至少一次 1 标志
12	//定义 4 个按键值，从左到右依次为：0、1、转换键"E"、清除键"C"
13	uchar code jp[4]=
14	{
15	0,1,'E','C'
16	};
17	//定义位码数组及相应的值
18	uchar dis_wei[]=
19	{
20	0xfe,0xfd,0xfb,0xf7,0xef,0xdf,0xbf,0x7f
21	};
22	uchar code LEDcode[]=
23	{

```
            0x3f,0x06,0x5b,0x4f,0x66,0x6d,0x7d,0x07,0x7f,0x6f,0x00
};//0~9 共阴字型码
uchar buff[8];//定义显示缓冲区
void delay(uint t)   //延时子函数
{
    uchar i;
    while(t--)
    for(i=0;i<5;i++);
}
//按键扫描:并返回键值,无键按下返回"0XFF"
uchar getkey()
{
    uchar lie,k;
    key_port=0xfe;//扫描键盘:行输出低电平
    if(~key_port&0xf0)//获取键盘列取反后的值,若不为0则表示有键按下
    {
        delay(200);//去抖动
        k=~key_port&0xf0;//再次获取键盘列取反后的值
        if(k)
        {   //确实有键按下,则判断是哪一列
            if(k==0x10)lie=0;
            if(k==0x20)lie=1;
            if(k==0x40)lie=2;
            if(k==0x80)lie=3;
            while(~key_port&0xf0);//等待键释放
            return(jp[lie]);//有键按下返回键值
        }
    }
    return(0xff);//没键按下返回0xff
}
/*==========数码管显示==========*/
void disp()  //显示子函数
{
    uchar i;
    for(i=0;i<8;i++)
    {
        wx=0;    //关位选锁存器
        dx=0;    //关段选锁存器
        dis_port=dis_wei[i];//送位码
        wx=1;    //开位选锁存器
        wx=0;    //关位选锁存器
        if(i==7)
            dis_port=LEDcode[buff[i]]+0x80;//送段码,最低位补一个小数点
```

```
            else
                dis_port=LEDcode[buff[i]];//送段码
            dx=1;     //开段选锁存器
            dx=0;     //关段选锁存器
            delay(10);//短暂延时
        }
}
disp_init()//初始化显示缓冲区：仅让最低位显示0,其他都灭
{
    uchar i;
   for(i=0;i<7;i++)
     {
          buff[i]=10;
     }
     buff[7]=0;   //初始状态仅最低位显示"0"
}
//二进制位左移子函数
//输入有效的二进制位，则各位左移，新输入位作为最低位，并计算当前有效数
leftmove(uchar k)
{
    uchar i;
    if(len>7) return;//数位最多只能8位
    if(flag1)         //已输入了至少一次1，第一次1不用移位
    {
        for(i=0;i<7;i++)
        {
          buff[i]=buff[i+1];
        }
    }
    buff[7]=k;
    flag1=1;
    number=number*2+k;//累计总数
    len++;  //数位加1
}
btod()    // 二进制到十进制转换子函数
{
    disp_init(); //初始化显示缓冲区
    buff[7]=number%10;      //获取对应十进制数的个位
    if (number>9)buff[6]=number/10%10; //获取对应十进制数有效位的十位
    if(number>99)buff[5]=number/100;   //获取对应十进制数有效位的百位
}
//按键识别与处理
key()
{
```

```
111         uchar key,i;
112         key=getkey();//调用按键扫描子函数
113         if(key!=0xff)
114         {
115             if(key==1 )leftmove(key); //输入 1 则为有效位,调用左移子函数
116             if(key==0 && flag1)leftmove(key); //当前输入 0 且已输入过至少一次 1
117  则为有效位调用左移子函数
118             if(key=='C')//按清除键则重新初始化
119             {
120                 disp_init();//初始化显示缓冲区
121                 number=len=flag1=0;//恢复初始状态
122             }
123             if(key=='E')  btod();// 调用二进制到十进制转换子函数
124         }
125  }
126  void main()       //主函数
127  {
128      disp_init();//初始化显示缓冲区
129      while(1)     //大循环
130      {
131          key();  //调用按键识别与处理子函数
132          disp(); //调用显示子函数
133      }
134  }
```

③ 程序说明
- 03~07 行：头文件说明及宏定义。
- 08~09 行：数码管段选位与位选位定义。
- 10 行：定义二进制数等效的十进制数变量 number 及二进制数位的长度变量 len。
- 11 行：定义有效二进制数标志变量 flag1，若 flag1 为 0 则表示还没输入一个有效的 1，此时输入再多的 0 也不移位。
- 13~16 行：键值定义。
- 18~21 行：定义位码数组及相应的值。
- 22~25 行：定义 0~9 共阴字型码，共有 11 个元素，其中最后 1 个 0x00 为全灭字型码。
- 26 行：定义显示缓冲区。
- 27~32 行：为延时子函数。
- 34~53 行：为键盘扫描子函数。行 37 先给第一行输入 0，行 38 对列值进行判断若有键按下再执行行 39 后的语句，行 40 为延时语句用于去抖动，行 41 再次获取列值，若确有键按下，由行 44~47 获取列值，行 48 等待键释放，行 49 通过 return 语句返回键值，若没键按下由行 52 返回无按键标志 0xff。
- 55~73 行：显示子函数，其中行 65~68 用于送段码，最低位带小数点显示。
- 74~82 行：用于初始化显示缓冲区，通过行 77 的 for 循环给显示缓冲区的高 7 位送

全灭的字形码,通过行 81 给显示缓冲区的最低位送"0"的字形码。

- 85~100 行:二进制位左移子函数,最多接受 8 位,第一个 1 不移。行 97 "flag1=1;" 作为已输入一个有效数的标志,之后输入的 0 才是有效的;行 98 用于累计总数。
- 101~107 行:二进制到十进制转换子函数,实际上只是把二进制显示的结果转换为十进制显示而已;8 位二进制数最多转换为 3 位十进制数,对高位无效的 0 不显示。
- 109~125 行:按键识别与处理子函数,行 112 获取按键值,对有效的按键判断进行相应的处理:对数字键"0"或"1"进行左移与数字累计处理,对清除键则重初始化,对转换键则调用二进制到十进制转换子函数。
- 126~134 行:为主函数,它先进行初始化,然后就是不断调用按键识别与处理子函数 key()和显示子函数 disp()。

(3) 创建程序文件并生成.HEX 文件

打开 MEDWIN,新建项目文件"P11",创建程序文件"Proj11.C",输入上述程序,然后按工具栏上的"产生代码并装入"按钮(或按 CTRL+F8),如果编译发现错误需对程序进行修改,直到编译成功,此时将在对应任务文件夹的 OUTPUT 子目录中生成目标文件"P11.HEX"。

(4) 运行程序观察结果

在 Proteus 中打开任务 5.1 设计电路"proj11.DSN",把已编译所生成的"P11. HEX"文件下载到单片机中,再运行并观察结果。

如果有实物板可把程序下载到实物上再运行、调试。也可以根据图 5-1 与表 5-1 提供的原理图与器件清单在万能板上搭出电路后再把已编译所生成的 HEX 文件下载到单片机中。然后再调试运行。

程序设计就是用计算机所能接受的语言把解决问题的步骤描述出来,也就是用计算机指令或语句组成一个有序的集合。所以编程的前提是理好解决问题的步骤,那又该如何把解决问题的步骤清晰明了地表达出来呢?程序流程图就是一种比较有效的方法。

程序流程图(又称程序框图)作为算法的一种表示形式在计算机编程领域早已得到广泛的应用,它具有直观形象、结构清晰和简洁明了的效果,在之前的相关任务中大家应该感受到了它的优点所在,但难点是怎样才能熟练而准确地画出程序流程图。下面就推荐一种人家的经验总结:"抓特征,明规则,依步骤"九字诀,便能拥有画程序流程图的基本功。

(1) 抓特征

任何一个程序流程图的三要素是"三框"、"一线"和"文字说明",所以首先要抓住它们各自的特征与含义,如图 5-5 所示。

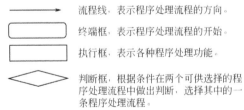

图 5-5 程序流程图符号

"三框"的特征与含义:终端框(起止框)的特征是圆角矩形,它表示算法的开始和结束;执行框(处理框)的特征是方角矩形,表示赋值、计算和数据的输入/输出等,算法中要处理的数据或计算可分别写在不同的执行框内;判断框的特征是菱形,用在当算法要求对某一事件进行判断时。

"一线"的特征与含义:程序流程图的特征是带有方向箭头的线,用以连接程序框,直观地表示算法的流程。

"文字"的特征与含义：在框图内加以简要说明的文字、算式等，也是每个框图不可缺少的内容。

对于较为大型的程序流程图还要用"圆圈"把流程图的各相关部分连接起来。

（2）明规则

程序流程图的画法规则是：①使用规范的框图符号；②按顺序，即程序流程图一般按从上到下、从左到右的顺序画；③看出入，即大多数程序流程图的图形符号只有一个出口，判断框是唯一一个具有超过一个出口的符号，条件结构中要在出口处标明"是"或"否"；④明循环，即循环结构要注意变量的初始值及循环终止条件；⑤辨流向，即流程线的箭头表示执行的方向，不可缺少；⑥简说明，即在图形符号内的描述语言要做到简练清晰。

（3）依步骤

画程序流程图的总体步骤是：第一步先设计算法（即解决问题的步骤），因为它是画程序流程图的基础，所以在画程序流程图前首先要写出相应的算法步骤，并分析算法需要哪些基本逻辑结构（顺序结构、分支结构、循环结构）；第二步再把算法步骤转化为对应的程序流程图，在这种转化过程中往往需要考虑很多细节，是一个将算法"细化"的过程。

示例：判断单行按键中是否有键按下以及获取所按下的按键的键值。

基本思路是：先给这一行送出低电平信号"0"，再读取与按键相连的 4 列的值是否都保持为高电平"1"，若是则表示无键按下（返回无键按下的标志值 0XFF）；若不是则表示可能有键按下，经过一定的去抖动与按键相连的 4 列的值后若仍不全为 1 则表示确有键按下，那么再判断是哪一列按下，并等待键释放后返回相应的键值。

程序流程图如图 5-4 所示。

思考与练习

【实战提高】

以图 5-1 设计电路为依据（可直接在任务 5.1 所在目录下打开设计电路文件"proj11.DSN"），要求能实现二进制到十六进制的转换，即输入二进制数按下"="键转换为十六进制显示，按"C"清除，请编写程序、编译和仿真运行。

【巩固复习】

（1）填空题

① 用程序流程图来表达算法具有（　　　）、（　　　）和（　　　）等特点。

② 在程序流程图中，处理框仅有（　　　）个出口，而判断框可以有（　　　）个出口。

③ 画程序流程图时其一般顺序是按（　　　　　　　　　　）。

（2）选择题

1）按键去抖动一般要延时的时间是（　　　）。

  A．10μs 左右 B．10ms 左右 C．10ns 左右 D．10s 左右

2）在开发应用程序时，一般要经过的步骤顺序是（　　　）。

  ①编写程序 ②运行调试程序 ③分析解题步骤 ④画出程序流程图

  A．①②③④ B．③④②① C．④②①③ D．①④③②

【考核与评价】

评价项目	评价内容	分值	自我评价	小组评价	教师评价	得分
技能目标	① 会编写二进制→十进制数转换程序；	20				
	② 会用模块化编写程序；	10				
	③ 会画程序流程图	10				
知识目标	能领会键盘扫描原理	20				
情感态度	① 出勤情况；	5				
	② 纪律表现；	5				
	③ 作业情况；	20				
	④ 团队意识	10				
	总分	100				

任务 5.2 设计四则运算计算器

任务描述：模拟 WINDOWS 系统中的简易计算器，实现十进制数的加减乘除运算，要求操作数和运算结果都不超过 65535，输入数据不带符号，不够减时显示负数，被除数为零时最高位显示"E"，操作界面如图 5-6。

能力培养目标

① 会编写矩阵式键盘扫描程序；
② 会编写四则运算程序程序；
③ 能领会矩阵式键盘扫描原理。

学习组织形式

采取以小组为单位互助学习，有条件的每人一台电脑，条件有限的可以两人合用一台电脑。用仿真实现所需的功能后如果有实物板（或自制硬件电路）可把程序下载到实物上再运行、调试，学习过程鼓励小组成员积极参与讨论。

任务实施过程

（1）创建硬件电路

电路设计如图 5-6 所示。

图 5-6 是在任务 5.1 的基础上再加三行按键而得（每行还是四个按键），从而得到一个 4×4 的矩阵式键盘，四个行中从上到下分别与 P3.0、P3.1、P3.2、P3.3 相连，四列从左到右分别与 P3.4、P3.5、P3.6、P3.7 相连。

实现此功能的系统元器件清单如表 5-2 所示。

表 5-2 二进制→十进制数转换系统元器件清单

元器件名称	参　　数	数　量	元器件名称	参　　数	数　量
电解电容	22μF	1	弹性按键		1
瓷片电容	30pF	2	电阻	1kΩ	1
晶体振荡器	12MHz	1	按键		16

续表

元器件名称	参　　数	数　量	元器件名称	参　　数	数　量
IC 插座	DIP40	1	锁存器	74HC573	2
单片机	89C51	1	IC 插座	DIP20	2
排阻	$8 \times 200\Omega$	1	数码管	8 位 × 8 段共阴极	1

注：表中灰色底纹部分为系统时钟与复位电路所需的元器件，在图 5-1 中未画出，参见图 1-1。

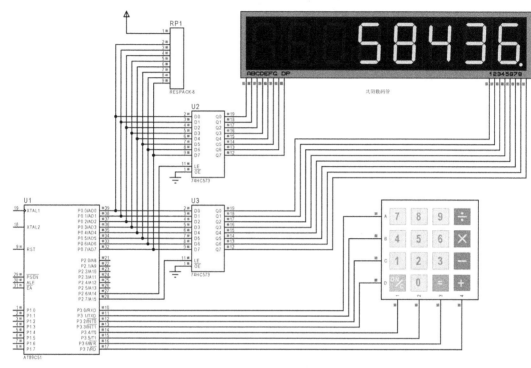

图 5-6　简易加减乘除计算器

（2）程序编写

① 编程思想。

采用模块化编程，除主函数外，本程序共有 11 个子函数：延时子函数 delay(uint t)、显示子函数 disp( )、按键扫描子函数 getkey( )、初始化显示缓冲区子函数 cls1( )、数据初始化子函数 cls2( )、显示缓冲区左移子函数 buffkz(uchar k)、数字处理子函数 shuzichuli(uchar k)、计算结果子函数 jisuanjieguo( )、按键判断与处理子函数 keypd( )。具体流程见图 5-7～图 5-9。

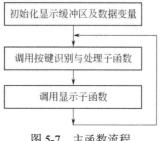

图 5-7　主函数流程

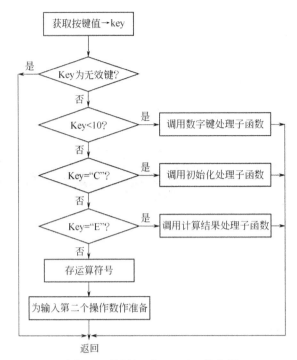

图 5-8 按键识别处理子函数流程

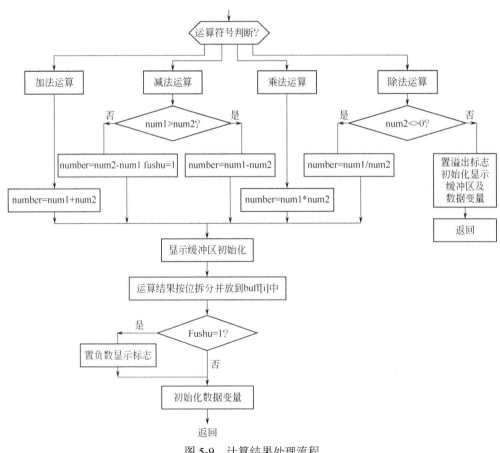

图 5-9 计算结果处理流程

② 编写程序如下：

行号	程序
01	`//proj12.c`
02	`//计算器--四则运算程序`
03	`#include<reg52.h>  //52系列单片机头文件`
04	`#define uchar unsigned char//宏定义`
05	`#define uint unsigned int//宏定义`
06	`#define dis_port P0//宏定义`
07	`#define key_port P3//宏定义`
08	`sbit dx=P2^6;//定义74HC573段选位`
09	`sbit wx=P2^7;//定义74HC573位选位`
10	`bit fushu; //负数标志`
11	`bit twobz; //第二个操作数标志`
12	`bit zero; //0标志(操作数为"0"时此标志为1,此时输入0无效)`
13	`uchar fh;   //fh为运算符号标记`
14	`uint num1,num2,number;  //分别为第一个操作数,第二个操作数和结果单元变量`
15	`//定义矩阵键盘码：'D'代表除、'M'代表乘、'S'代表减、'A'代表加、'C'代表清除、'E'代`
16	`表等号`
17	`uchar code jp[4][4]={7,8,9,'D',`
18	`                     4,5,6,'M',`
19	`                     1,2,3,'S',`
20	`                     'C',0,'E','A'};//与4×4矩阵键盘相对应`
21	`//定义位码数组及相应的值`
22	`uchar dis_wei[]={0xfe,0xfd,0xfb,0xf7,0xef,0xdf,0xbf,0x7f};`
23	`//定义共阴字形码,前10个元素依次为0～9的字形码,`
24	`//第11个元素(下标为10)为消隐码、第12个元素为出错标记"E"字形码、第13个元素为"-"`
25	`的字形码`
26	`uchar code LEDcode[]=`
27	`{0x3f,0x06,0x5b,0x4f,0x66,0x6d,0x7d,0x07,0x7f,0x6f,0x00,0x79,0x40};`
28	`//定义显示缓冲区`
29	`uchar buff[8];`
30	`void delay(uint t)  //延时子函数`
31	`{  uchar i;`
32	`    while(t--)`
33	`    for(i=0;i<5;i++);`
34	`}`
35	`//键盘扫描子函数`
36	`uchar getkey()`
37	`{`
38	`    uchar han,lie,pos;`
39	`    pos=0x01; //每次从第一行开始扫描`
40	`    for(han=0;han<4;han++)`
41	`    {`

```c
42          key_port=~pos;        //逐行扫描,待扫描行输出"0",其他输出"1"
43          if(~key_port&0xf0)  //本行有键按下?
44          {
45              delay(100);      //去抖动
46            if(~key_port&0xf0)//再次判断本行有键按下?
47              {
48              //确实有键按下,识别本行的哪一列按下
49                switch(~key_port&0xf0)
50                {
51                  case 0x10:lie=0;break;
52                  case 0x20:lie=1;break;
53                  case 0x40:lie=2;break;
54                  case 0x80:lie=3;break;
55                }
56              while(~key_port&0xf0);//等待键释放
57              return(jp[han][lie]); //返回按键行列所对应的键值
58              }
59          }
60          pos=pos<<1;//没键按下继续为下一行扫描做准备
61      }
62      return(0xff);//4行都没键按下则返回0XFF作为无键按下标志
63  }
64  //初始化显示缓冲区
65  cls1()
66  {
67      buff[0]=buff[1]=buff[2]=buff[3]=buff[4]=buff[5]=buff[6]=10;
68      buff[7]=0;
69  }
70  //初始化各数据及标志变量
71  cls2()
72  {
73      number=num1=num2=fh=fushu=twobz=0;
74      zero=1;
75  }
76  //显示缓冲区左移,新输入的数放在最右边的单元中
77  buffkz(uchar k)
78  {
79      buff[3]=buff[4];
80      buff[4]=buff[5];
81      buff[5]=buff[6];
82      buff[6]=buff[7];
83      buff[7]=k;
84  }
```

```
85      /*==========数字处理==========*/
86      shuzichuli(uchar k)
87      {
88          if(zero && k==0) return;//若输入的是"0"且操作数也还为0则不作处理
89          if(zero)
90          {
91              //第一个非0处理
92              zero=0;    //"0"标志无效
93              buff[7]=k; //第一个非0显示区不移位只更新最低位
94          }
95          else  buffkz(k);    //从第二个有效数开始调用显示缓冲区处理
96          if (twobz==0) num1=num1*10+k; //第一个操作数
97          else num2=num2*10+k;//第二个操作数
98      }
99      /*==========计算结果==========*/
100     jisuanjieguo()
101     {
102         uchar i;
103         switch (fh) //根据操作符号进行相应的运算
104         {
105             case 'A': number=num1+num2; break;//执行加法运算
106             case 'S'://执行减法运算
107                 if(num1>=num2) number=num1-num2;
108                 else
109                 {
110                     //不够减结果为负数
111                     number=num2-num1;
112                     fushu=1;
113                 }
114                 break;
115             Case 'M':number=num1*num2;break;//执行乘法运算
116             Case 'D'://执行除法运算
117                 if(num2) number=num1/num2;
118                 else
119                 {
120                     //分母为零显示出错标记
121                     cls1();
122                     cls2();
123                     buff[0]=11;//显示出错标记"E"
124                     buff[7]=0;
125                     return;
126                 }
127         }
```

```
128         cls1();//显示缓冲区初始化
129         //拆分运算结果放入对应显示缓冲区中
130         i=7;
131         while(number)
132         {
133             buff[i--]=number%10;//每次取出最低一位
134             number=number/10;    //剔除最低位后的剩余位
135         }
136         if(fushu)buff[0]=12;//不够减结果为负数,最高位显示"-"
137         cls2();//各数据暂存区初始化
138  }
139  /*=========按键判断与处理==========*/
140  keypd()
141  {
142      uchar key;
143      key=getkey();
144      if(key!=255)
145      {
146          if(key<10)   shuzichuli(key);    //数字键处理
147          else if(key=='C')cls1(),cls2();//按下清除键则重新初始化
148          else if(key=='E')jisuanjieguo();      //计算结果
149          else
150          {
151              //除以上几种按键外,其他的就是运算符号键
152              fh=key;      //保存运算符号
153              cls1();      //显示缓冲区初始化
154              twobz=1;     //为接收第二个操作数做准备
155              zero=1;      //第二个数从 0 开始
156          }
157      }
158  }
159  /*=========数码管显示==========*/
160  void disp()  //显示子函数
161  {
162      uchar i;
163      for(i=0;i<8;i++)
164      {
165          wx=0;    //关位选锁存器
166          dx=0;    //关段选锁存器
167          dis_port=dis_wei[i];
168          wx=1;    //开位选锁存器
169          wx=0;    //关位选锁存器
170          //送段码,最低位带小数点
```

```
171              if(i==7)dis_port=LEDcode[buff[7]]+0x80;
172              else    dis_port=LEDcode[buff[i]];
173              dx=1;    //开段选锁存器
174              dx=0;    //关段选锁存器
175              delay(5);//短暂延时
176        }
177 }
178 main()              //主函数
179 {
180     cls1();    //初始化显示缓冲区
181     cls2();    //初始化各临时变量
182     while(1)          //大循环
183     {
184         keypd();   //按键判断与处理
185         disp();    //调用显示子函数
186     }
187 }
```

③ 程序说明

- 03～07 行：头文件说明及宏定义。
- 08～09 行：数码管段选位与位选位定义。
- 10 行：定义负数标志变量 fushu。
- 11 行：定义第二个操作数标志变量 twobz。
- 12 行：定义操作数为"0"时标志变量 zero。
- 13 行：定义运算符号标志变量 fh。
- 14 行：定义操作数和结果单元变量。
- 17～20 行：定义矩阵键盘码，采用二维数组，与键盘排列一一对应。
- 22 行：定义位码数组及相应的值。
- 26～27：定义 0～9 共阴字型码，以及消隐码、出错标记"E"字形码、符号"-"的字形码。
- 29 行：定义显示缓冲区。
- 30～34 行：为延时子函数。
- 36～63 行：为键盘扫描子函数。采用逐行扫描，每一行的扫描过程与任务 5.1 中相似。行 39 为第一行扫描初始化，行 60 为下一行扫描做准备。中间过程包括判断键按下、延时去抖动、识别按键所在列、等待键释放，行 57 通过 return 语句返回按键所在的行号与列号所在的键值，若没键按下由行 62 返回无按键标志 0xff。
- 65～69 行：初始化显示缓冲区，初最低位显示带小数点的"0"外其他都不显示。
- 71～75 行：初始化各数据及标志变量，开始时操作数都默认为 0，zero 标志为 1。
- 77～84 行：显示缓冲区左移，新输入的数据放在最低位 buff[7]中。
- 86～98 行：数字处理子函数，操作数为 0 时输入"0"无效；操作数为 0 时输入的第一个有效数时缓冲区不作移位仅替换最低位；从第二个有效位开始显示缓冲区进行移位，输入的数据存入对应的操作数中。
- 100～138 行：计算结果子函数，按下等号后根据运算符号对操作数 1 和操作数 2 进行相应的加、或减（或乘、或除）处理，并把运算结果放到显示缓冲区中。

- 140～159 行：按键判断与处理子函数，若按下的是数字键则转数字键处理子函数 shuzichuli(key)（行 146），若按下的是清除键则转初始化处理子函数，若按下的是等号键则转计算结果处理子函数 jisuanjieguo( )，除以下几种情况外其他的有效按键则只有运算符号了——行 152～155 将实现对运算符号进行保存并为第二个操作数的输入与显示作准备。
- 160～177 行：显示子函数，其中行 171～172 用于送段码，最低位带小数点显示。
- 178～187 行：为主函数，它先进行初始化，然后就是不断调用按键识别与处理子函数 keypd( )和显示子函数 disp( )。

（3）创建程序文件并生成.HEX 文件

打开 MEDWIN，新建项目文件"P12"，创建程序文件"Proj12.C"，输入上述程序，然后按工具栏上的"产生代码并装入"按钮（或按 CTRL+F8），如果编译发现错误需对程序进行修改，直到编译成功，此时将在对应任务文件夹的 OUTPUT 子目录中生成目标文件"P12.HEX"。

（4）运行程序观察结果

在 Proteus 中打开任务 5.2 设计电路"proj12.DSN"，把已编译所生成的"P12. HEX"文件下载到单片机中，再运行并观察结果。

如果有实物板可把程序下载到实物上再运行、调试。也可以根据图 5-1 与表 5-1 提供的原理图与器件清单在万能板上搭出电路后再把已编译所生成的 HEX 文件下载到单片机中。然后再调试运行。

下面主要讲述行列式键盘。

行列式键盘又叫矩阵式键盘，用 I/O 口线组成行、列结构，按键设置在行与列的交点上。图 5-10 所示为一个由四条行线与四条列线组成的 4×4 行列式键盘，16 个键盘只用了 8 根 I/O 口线。由此可见，在按键配置数量较多时，采用这种方法可以节省 I/O 口线。

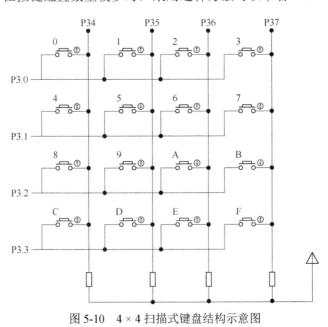

图 5-10　4×4 扫描式键盘结构示意图

行列式键盘必须由软件来判断按下键盘的键值。其判别方法如下。

如图 5-10 所示，首先由 CPU 从 P3 口低 4 位输出全为 0 的数据，也就是说，这时 P3.0～P3.3 全部为低电平，这时如果没有键按下，则 P3.4～P3.7 全部处于高电平。所以当 CPU 去读 P3 口时，P3.4～P3.7 全为 1 表明这时无键按下。

现在假设第 2 行第 4 列键是按下的（即按键 7）。由于该键被按下，使第 4 根列线与第 2 根行线导通，原先处于高电平的第 4 根列线被第 2 根行线拉到低电平。所以这时 CPU 读 P3 口时 P3.7＝0；从硬件图中可以看到，只要是第 4 列键按下，CPU 读 P3.7 口时始终为 0。其 P3 口的读得值为 0111XXXXB，这就是第 4 列键按下的特征。如果此时读得 P3 口值为 1101XXXX B，显然可以断定是第 2 列键被按下。

为了识别到底是哪一行的键按下，可以用行扫描的方法。即首先使 P3 口输出仅 P3.0 为 0，其余位都是 1 然后去读 P3 口的值，如读得 P3.4～P3.7 为全 1 就表明本行没键按下；接着使 P3.1 为 0 其余位都是 1，再读 P3 口，若仍为全 1；…直到读出 P3.4～P3.7 不全为 1 或移到 P3.3 为 0 为止。这种操作方式，就好像 P3 口为 0 的这根线，从最低位开始逐位移动（称作扫描），直到 P3.3 为 0 为止。很明显，对于上例中的第 2 行第 4 列键按下，必然有：在 P3 口输出为 11111101 B 时 P3.4～P3.7 不全为 1，而是 0111XXXXB。此时的行和列交叉处的按键"7"即为所要找的键值。

综上所述，行-列式键盘的扫描键值可归结为两大步骤：

① 判断有无键按下；
② 判断按下键的行、列号，并求出键值。

其处理的基本过程如图 5-11。

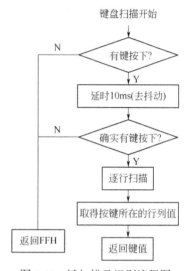

图 5-11 键扫描及识别流程图

思考与练习

【实战提高】

以图 5-6 设计电路为依据（可直接在任务 5.2 所在目录下打开设计电路文件"proj12.DSN"），要求能实现十进制到二进制的转换，即从键盘输入十进制数，按"–"键代表退格，按"＝"键显示对应的二进制数结果，按"C"键清除以便进入下一次转换。请编写程序、编译和仿真运行（输入的十进制数不大于 255）。

【巩固复习】

（1）填空题
① 在按键数目较多的情况下，宜采用（　　　　）键盘，它能（　　　　）I/O 口线。
② 在矩阵式键盘中，为了能识别所按下键的位置，通常采用的方法是（　　　　　　）。
（2）选择题
① 在图 5-6 中，若 P3 口输出为 11111101B、且按键 9 处于按下状态，则从 P3 口读取的结果将是（　　　）。
　　A．0111XXXXB　　B．1011XXXXB　　C．1101XXXXB　　D．1110XXXXB

② 在图 5-6 中，采用行扫描法，当 P3 口输出为（　　　）才能识别到按键"0"按下。
　　A．11111110B　　　B．11111101B　　　C．11111011B　　　D．11110111B

【考核与评价】

评价项目	评价内容	分值	自我评价	小组评价	教师评价	得分
技能目标	① 会编写矩阵式键盘扫描程序； ② 会编写四则运算程序	20 20				
知识目标	能领会矩阵式键盘扫描原理	20				
情感态度	① 出勤情况； ② 纪律表现； ③ 作业情况； ④ 团队意识	5 5 20 10				
总分		100				

项目 6

制作数字电压表

项目情境描述

现在的许多测量仪器几乎都是以数字方式直观地显示,我们是否也可以自己来设计一个数字电压表呢?

任务 6.1 制作数字电压表

任务描述:有两路 0～5V 的电压测量点,要求分别把它们的电压值测量后经 A/D 转换后显示在数码管的高 3 位和低 3 位上(各两位小数)。

能力培养目标

① 会连接 ADC0809 与单片机之间的电路;
② 会编写 ADC0809 模数转换程序;
③ 能领会 ADC0809 模数转换原理;
④ 能领会 DAC0832 数模转换原理;
⑤ 会用扩展地址法编写程序
⑥ 能领会总线方式工作原理

学习组织形式

采取以小组为单位互助学习,有条件的每人一台电脑,条件有限的可以两人合用一台电脑。用仿真实现所需的功能后如果有实物板(或自制硬件电路)可把程序下载到实物上再运行、调试,学习过程鼓励小组成员积极参与讨论。

任务实施过程

(1) 创建硬件电路

电路设计如图 6-1 所示,主要由显示部分和 A/D 接口两大部分组成。

本任务显示部分与前几个任务不同之处是采用了扩展地址法(即总线方式),图中,段码与位码各自由一个 74HC574 锁存器实现数据的锁存,74HC574 锁存器的基本特性是当输出控制端 OE-为"0"时输出数据,而 OE-为"1"时输出被关闭;其输入控制端 CLK 由低变高时输入端数据被存入锁存器。

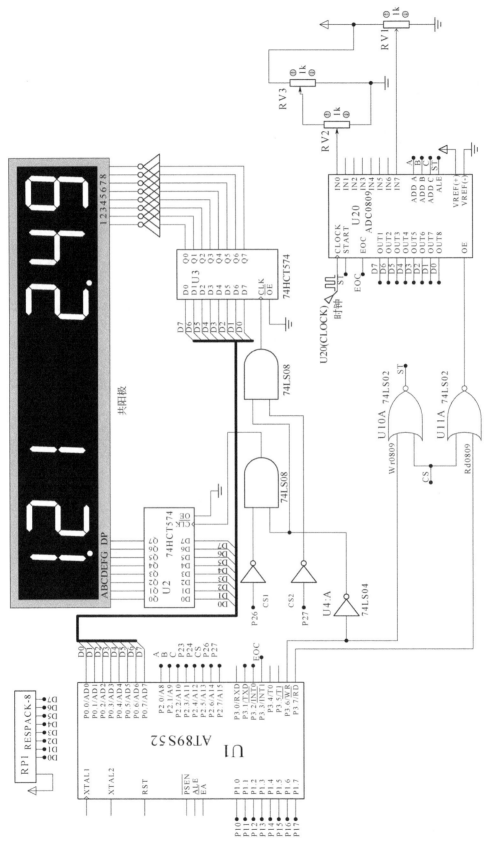

图 6-1 数字电压表模拟电路

如图 6-1 中，共阳数码管的 8 个段 A、B、C、…分别与 74HC574 锁存器（U2）的 Q0、Q1、Q2…Q7 相连，共阳数码管的 8 个位控制端 1、2、3、…8 分别与 74HC574 锁存器（U3）的 Q0、Q1、Q2…Q7 反相后相连。两片 74HC574 锁存器的 OE 端均接地（即输出始终打开），而其 CLK 端同两个与门的输出端相连，与 U2 相连的与门的两个输入端分别是 P2.6 与 P3.6(WR)反相后的输出端，而与 U3 相连的与门的两个输入端分别是 P2.7 与 P3.6(WR)反相后的输出端。

也即当 P2.6 与 P3.6 同时为低电平时，U2 由低变高从而把数据打入段码锁存器，而当 P2.7 与 P3.6 同时为低电平时，U3 由低变高从而把数据打入型码锁存器。

在扩展地址法中，读、写控制必须与 P3.7(RD)、P3.6(WR)相连，且器件的选择地址只能与 P2 口或 P0 口（与 P0 口相连时必须要有锁存器且锁存器必须由 CPU 的 ALE 控制写入）的某些端相连，同时对于用于片选的地址一般不能复用。

本任务电路图中的另一部分是 ADC0809 接口电路。ADC0809 的通道地址锁存端 ALE 与启动转换信号端 START 由 MCS-51 的写控制端 WR 与 P2.5 经过或非门后的输出控制，而 ADC0809 的输出允许信号端 OE 是由 MCS-51 的读控制端 RD 与 P2.5 经过或非门后的输出控制，ADC0809 的通道地址选择端 ADDC、ADDB、ADDA 分别与 P2.2、P2.1、P2.0 直接相连，由于 ADC0809 内部没有时钟源，本系统外接一个 640kHz 的时钟作为 CLOCK 的输入信号，转换结束信号 EOC 与单片机的 P3.3 相连，两路模拟电压信号由可调电阻提供并分别与通道 0 和通道 7 相连。A/D 转换的结果则由数码管的高三位和低三位分别显示出来。

在图 6-1 中，由于模拟的可调电阻只有 10 挡可调，所以给通道 0 提供的模拟电压是由两个可调电阻串接而成，这样可以增加可调的挡数。

实现此功能的系统元器件清单如表 6-1

表 6-1 数字电压表模拟电路系统元器件清单

元器件名称	参　　数	数　量	元器件名称	参　　数	数　量
电解电容	22μF	1	IC 插座	DIP40	1
瓷片电容	30pF	2	单片机	89C51	1
晶体振荡器	12MHz	1	排阻	8*200Ω	1
弹性按键		1	锁存器	74HC574	2
电阻	1kΩ	1	IC 插座	DIP20	2
反相器	74LS04	2 块	数码管	8 位*8 段共阳极	1
与门	74LS08	1 块	ADC0809		1
时钟源	640kHz 左右	1	或非门	74LS02	1
可调电阻		3			

注：表中灰色底纹部分为系统时钟与复位电路所需的元器件，在图 6-1 中未画出，参见图 1-1。

（2）程序编写

① 编程思想。利用扩展地址法编程，重点要与硬件配合确定各端口的选通地址，在

图 6-1 中 ADC0809 通道 0 的地址为 0xd8ff（片选控制端 P2.5 = 0，CBA = P2.2P2.1P2.0 = 000，其他无关的约定为 1）、通道 7 的地址为 0xdfff（片选控制端 P2.5 = 0，CBA = P2.2P2.1P2.0 = 111，其他无关的约定为 1），启动转换与读取转换结果分别由一条语句就可实现。

转换结果要求以电压值显示并保留两位小数，由于 0～5V 对应于数字量 0～255，现设转换的数字量为 adNumber，则实际电压值 adV=adNumber*5/255，再把它扩大 100 倍后整数的最后两位即代表小数位。

② 编写程序如下：

行号	程序
01	/* Proj13.c */
02	//制作数字电压表--共阳极数码管--扩展地址控制
03	#include <REG52.H>
04	#include<absacc.h>　　//包含扩展地址法中对端口地址数据长度的定义头文件
05	#define xin XBYTE[0xbfff] //数码管型控制端口地址,控制端 P2.6（低电平有效）
06	#define wei XBYTE[0x7fff] //数码管位控制端口地址,控制端 P2.7（低电平有效）
07	//定义 0809 通道 0 扩展地址，片选控制端 P2.5（低电平有效）
08	#define ad0 XBYTE[0xd8ff]
09	//定义 0809 通道 7 扩展地址，片选控制端 P2.5（低电平有效）
10	#define ad7 XBYTE[0xdfff]
11	sbit AD_EOC=P3^3;　　　　　//0809 转换结束标志位
12	#define uchar unsigned char
13	#define uint unsigned int
14	/********　延时函数　********/
15	delay(uint i)
16	{
17	while(i--);
18	}
19	//显示缓冲区
20	uchar buf[8];
21	//共阳极数码管字型码
22	uchar code LEDcode[]=
23	{0xc0,0xf9,0xa4,0xb0,0x99,0x92,0x82,0xf8,0x80,0x90,0xff};
24	void display()　//扩展地址法显示子程序
25	{
26	uchar i,pos;
27	pos=0x01;
28	wei=0xff; //关闭所有位
29	for(i=0;i<8;i++)
30	{
31	if(i==2 || i==7)
32	xin=LEDcode[buf[i]]-0X80;//送字型码,整数后跟小数点
33	else
34	xin=LEDcode[buf[i]];//送字型码
35	wei=~pos;　//送位码（注意：每次一位为 0，经反相器后送位公共端

```
36          pos=pos<<1;//准备下一位的显示
37          delay(10);
38          wei=0xff;  //关闭所有位
39       }
40  }
41  uchar getad0()   //ADC0809通道0转换并返回转换结果
42  {
43       ad0=0xff;       //启动通道0开始转换
44       while(!AD_EOC);//等待转换结束
45       return(ad0);    //返回通道0转换结果
46  }
47  uchar getad7()   //ADC0809通道7转换并返回转换结果
48  {
49       ad7=0xff;       //启动通道7开始转换
50       delay(50);      //等待转换结束（100μs以上）
51       return(ad7);    //返回通道7转换结果
52  }
53  main()    //主函数
54  {
55       uint adNumber;
56       buf[3]=buf[4]=10;//不显示位
57       while(1)
58       {
59           adNumber=getad0();//读通道0转换数据
60           adNumber=adNumber*500./255;//换算,扩大100倍
61           //通道0显示在数码管的高3位
62           buf[7]=adNumber/100%10;//拆分以显示电压值（高位为整数部分，低两位为小
63  数部分）
64           buf[6]=adNumber/10%10;
65           buf[5]=adNumber%10;
66           adNumber=getad7();//读通道7转换数据
67           adNumber=adNumber*500./255;//换算,扩大100倍
68           //通道7显示在数码管的低3位
69           buf[2]=adNumber/100%10;//拆分以显示电压值（高位为整数部分，低两位为小
70  数部分）
71           buf[1]=adNumber/10%10;
72           buf[0]=adNumber%10;
73           display();    //调用显示子程序
74       }
75  }
```

③ 程序说明：

- 04 行：#include <absacc.h> 为头文件说明，它包含扩展地址法中对端口地址及数据长

度的定义头文件

- 05 行：为宏定义，它定义了数码管型控制端口的地址为 0XBFFF，端口数据长度为字节。

问与答 在扩展地址法中，端口地址如何确定呢？

一般来说，端口的片选信号是低电平有效，在扩展地址法（总线方式）中，CPU 在任一时刻只能对某一端口进行读或写操作，也就是只能有一个端口被选中，所以在对某一端口进行操作时，只能这一端口的片选信号有效而其他端口的片选信号无效，因此一般的原则是先确定选中这一端口的各相关位的地址位的值，其他无关的地址位的值以高电平代替。如本任务中数码管控制端口只有在 P2.6 为低电平才可能被选中，其他地址无关，由此构成的 16 位地址值为 0XBFFF。

- 07 行：为宏定义，它定义了数码管位控制端口的地址为 0X7FFF，端口数据长度为字节。
- 08～10 行：为宏定义，它定义 0809 通道 0 扩展地址为 0xd8ff]、通道 7 扩展地址为 0xdfff;
- 11 行：位定义，定义 0809 转换结束标志位；
- 24～40 行：为扩展地址法显示子函数。

为扩展地址法显示子函数，其中行 27 为位控制变量初始化（最低位为 1 其他各位为 0，目的是想让与 D0 位相连的位先亮），行 28 是给位控制端全送高电平以关闭所有位。接下来是让 8 个数码管依次显示一遍，它由——行 29 "for(i=0;i<8;i++)" 实现，先只显示左边第 1 位（D0 相连的位），短暂停留后改为只显示第 2 位，一直到只显示最后一位（即左边算起第 8 位）。每一位的显示过程是送字型码、接着送位码以实现在指定位显示相应的字形，行 36 是为显示下一位作准备，并作短暂停留（行 37），行 38 是显示一位后先关闭所有位以免位间的相互干扰。

想一想：

在共阳极数码管中，本来只有在公共端为 "1" 时对应的数码管才有可能显示相应的字型，本例中为什么要把它取反后再送到位控制端呢（行 35）？

其中行 31～34 的 if 语句是用来控制小数点显示的位置。

想一想：

在共阳极数码管中，要显示小数点的方法是在字形码的基础上减去"0X80"，那如果是共阴极数码管中，要显示小数点的方法又该是什么？

- 41～45 行：ADC0809 通道 0 转换函数，行 43 语句 "ad0=0xff；" 实现锁存通道 0 地址并启动开始转换，行 44 等待 EOC 信号由低变高以示转换结束，行 45 返回通道 0 转换结果；
- 47～52 行： ADC0809 通道 7 转换函数，与通道 0 转换函数相似，只是等待转换结束不是通过查询而是通过延时的文法（行 50）实现；
- 53～75 行：主函数，其主要过程是不断读取通道 0 和通道 7 的转换结果，再转换成电压形式并以两位小数方式加以显示。

（3）创建程序文件并生成.HEX 文件

打开 MEDWIN，新建项目文件 "P13"，创建程序文件 "Proj13.C"，输入上述程序，然后按工具栏上的 "产生代码并装入" 按钮（或按 CTRL+F8），如果编译发现错误需对程序进行修改，直到编译成功，此时将在对应任务文件夹的 OUTPUT 子目录中生成目标文件"P13.HEX"。

（4）运行程序观察结果

在 Proteus 中打开任务 6.1 设计电路"proj9DSN"，把已编译所生成的"P13.HEX"文件下载到单片机中，再运行并观察结果。

如果有实物板可把程序下载到实物上再运行、调试。也可以根据图 6-1 与表 6-1 提供的原理图与器件清单在万能板上搭出电路后再把已编译所生成的 HEX 文件下载到单片机中。然后再调试运行。

6.1.1 MCS-51 的总线工作方式

MCS-51 单片机支持总线工作方式，在并行扩展外存储器或 I/O 口情况下 P0 用于低 8 位地址总线和数据总线(分时传送)，P2 口用于高 8 位地址总线，P3 口常用于第二功能，而用户能使用的 I/O 口只有 P1 口和未用作第二功能的部分 P3 口端线。

在总线工作方式中，通常把系统总线分为三组：

① 地址总线（Adress Bus，简写 AB）
② 数据总线(Data Bus，简写 DB)
③ 控制总线（Control Bus，简写 CB）

6.1.1.1 系统总线

MCS-51 由于受引脚数目的限制，在总线工作方式中采用数据线和低 8 位地址线复用技术。为了将它们分离出来，需要外加地址锁存器，从而构成与一般 CPU 相类似的片外三总线，如图 6-2。

例：图 6-3 为采用 74LS373 锁存器进行地址总线扩展的电路示意图。

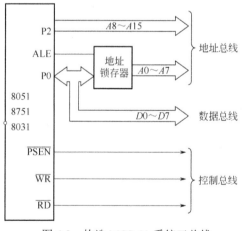

图 6-2 构造 MCS-51 系统三总线

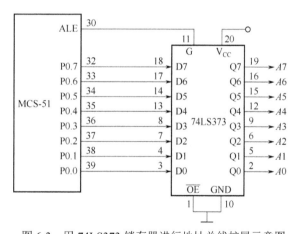

图 6-3 用 74LS373 锁存器进行地址总线扩展示意图

温馨提示

在 MCS-51 应用系统中，若要采用总线工作方式且 P0 口要与 I/O 端口的地址端相连接，中间必须另加地址锁存器且地址锁存器需要由 CPU 的 ALE 信号锁存。

（1）控制信号线

*使用 ALE 信号作为低 8 位地址的锁存控制信号。

*由 RD 和 WR 信号作为扩展数据存储器和 I/O 口的读选通、写选通信号。

尽管 MCS-51 有 4 个并行 I/O 口，共 32 条口线，但由于系统扩展需要，在总路线工作方式下真正作为数据 I/O 使用的，就剩下 P1 口和 P3 口的部分口线。

（2）I/O 器件地址空间分配

即挂在总线上的 I/O 器件地址的确定问题。

在访问 I/O 端口时，若采用扩展地址法编程首先要解决的问题就是 I/O 端口地址的确定。

MCS-51 发出的地址是用来选择某个 I/O 器件（或存储器单元）进行读写，要完成这种功能，必须进行两种选择："片选"和"单元选择"。

常用的 I/O 器件（或存储器）地址分配的方法有两种：线性选择法（简称线选法）和地址译码法（简称译码法）。

① 线选法。直接利用系统的高位地址线作为存储器芯片（或 I/O 接口芯片）的片选信号。

优点：电路简单，不需要地址译码器硬件，成本低。

缺点：可寻址的器件数目受到限制，地址空间不连续，地址重叠（不唯一）。

线选法只适于外扩芯片不多，规模不大的单片机系统，扩展时地址不连续。当有剩余高位地址线（或低位地址线）时，地址存在重叠，即多个地址对应一个存储单元。如果只扩展一片时，只需满足单元选择，片选引脚可以直接接地选通。

如在本任务中（见图 6.1），若 P2 口只与数码管的相关锁存器相连，那么数码管的型控制口地址和位控制器地址可以有多个，只要在选中型控制口时不选中位控制口、反之在选中位控制口时不选中型控制口即可，也即事实上 P2.5～P2.0 取什么值对位控制口和型控制口的选通是没任何影响的，同样 P0 口也是这样的。但为了表示的一致性一般约定是无关的位以高电平表示。

想一想：

在图 6-1 中，能选中型或位控制口的地址各有多少个呢？并分别写出其中的两个。

② 译码法。最常用的译码器芯片有：74LS138（3-8 译码器）、74LS139（双 2-4 译码器）、74LS154（4-16 译码器）。可根据设计任务的要求，产生片选信号。

全译码：全部高位地址线都参加译码；

部分译码：仅部分高位地址线参加译码。

译码法特点：硬件电路相对复杂，但可以扩展较多芯片，适合规模较大的应用系统，扩展时地址是连续的。

（3）外部数据存储器（外 RAM）或 I/O 口的地址范围

地址范围：0000H～FFFFH 共 64KB。

6.1.1.2 读外 RAM 或 I/O 口的过程

前已述及，外 RAM（或 I/O 端口）16 位地址分别由 P0 口（低 8 位）和 P2 口（高 8 位）同时输出，ALE 信号有效时由地址锁存器锁存低 8 位地址信号，地址锁存器输出的低 8 位地址信号和 P2 口输出的高 8 位地址信号同时加到外 RAM 或 I/O 口 16 位地址输入端，当 RD 信号有效时，外 RAM 或 I/O 口将相应地址存储单元中的数据送至数据总线（P0 口），CPU 读入后存入指定单元。图 6-4 为外 RAM 或 I/O 口的读时序图。

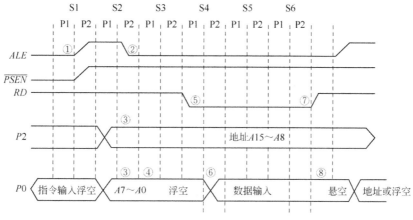

图 6-4 外 RAM 或 I/O 口的读时序图

6.1.1.3 写外 RAM 的过程

写外 RAM 的过程与读外 RAM 的过程相同。只是控制信号不同，信号换成 WR 信号。当 WR 信号有效时，外 RAM 将数据总线（P0 口分时传送）上的数据写入相应地址存储单元中。图 6-5 为外 RAM 或 I/O 口的写时序图。

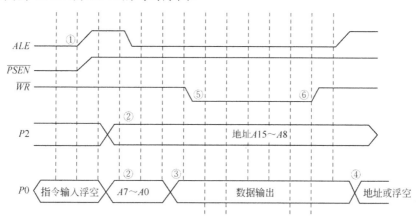

图 6-5 外 RAM 或 I/O 口的写时序图

> **温馨提示**
>
> 在 MCS-51 中，I/O 端口若要以扩展地址法（总线方式）工作，必须要满足一些先决条件，如要有片选控制端、要有读或写控制端，同时在访问速度上必须要跟得上 CPU 的读写速度。

6.1.2 模数（A/D）转换器的接口及应用

在自动检测和自动控制等领域中，经常需要对温度、速度、电压、压力等连续变化的物理量，即模拟量进行测量和控制，而计算机只能处理数字量，因此就出现了计算机信号的数/模（D/A）和模/数（A/D）转换以及计算机与 A/D 和 D/A 转换芯片的连接问题。

6.1.2.1 A/D 转换器分类

A/D 转换器用于模拟量→数字量的转换。目前应用较广的是双积分型和逐次逼近型。

（1）双积分型

双积分型 A/D 转换器具有转换精度高，抗干扰性能好，价格低廉等优点，但转换速度慢。

常用双积分型 A/D 转换器有 ICL7106、ICL7107、ICL7126 等芯片，以及 MC1443、5G14433 等芯片。

（2）逐次逼近型

逐次逼近型 A/D 转换器特点是转换速度较快，精度较高，价格适中。目前应用较广的逐次逼近型 A/D 转换器有 ADC0805、ADC0809、ADC0816 等芯片。

除以上两大类型外还有高精度、高速、超高速型，如 ICL7104、AD575、AD578 等芯片。

6.1.2.2　ADC0809 模/数转换器

ADC0809 是 8 输入通道逐次逼近式 A/D 转换器。内部结构逻辑框图及引脚如图 6-6 及图 6-7 所示。

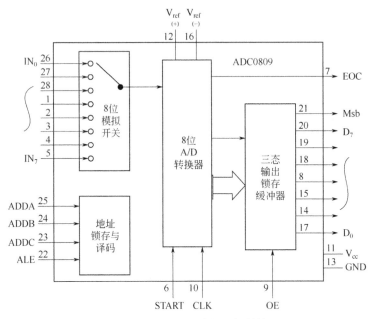

图 6-6　ADC0809 内部逻辑结构

图中多路开关可选通 8 个模拟通道，允许 8 路模拟量分时输入，共用一个 A/D 转换器进行转换，这是一种经济的多路数据采集方法。地址锁存与译码电路完成对 A、B、C 3 个地址位进行锁存和译码，其译码输出用于通道选择，其转换结果通过三态输出锁存器存放、输出，因此可以直接与系统数据总线相连，表 6-2 为通道选择表。

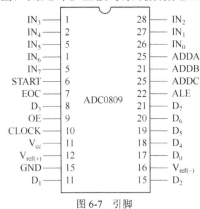

图 6-7　引脚

表 6-2　通道选择表

C	B	A	被选择的通道
0	0	0	IN_0
0	0	1	IN_1
0	1	0	IN_2
0	1	1	IN_3
1	0	0	IN_4
1	0	1	IN_5
1	1	0	IN_6
1	1	1	IN_7

如图 6-2 所示，ADC0809 芯片为 28 引脚双列直插式封装。

现对 ADC0809 主要信号引脚的功能说明如下：

- IN7～IN0——模拟量输入通道，0809 对输入模拟量的要求主要有：信号单极性，电压范围 0～5V。（VCC = +5V）另外，模拟量输入在 A/D 转换过程中其值不应变化，因此对变化速度快的模拟量，在输入前应增加采样保持电路。
- ALE——地址锁存允许信号。对应 ALE 上跳沿，A、B、C 地址状态送入地址锁存器中。
- START——转换启动信号。START 上升沿时，复位 ADC0809；START 下降沿时启动芯片，开始进行 A/D 转换；在 A/D 转换期间，START 应保持低电平，本信号有时简写为 ST。
- A、B、C——地址线。通道端口选择线，A 为低地址，C 为高地址，引脚图中为 ADDA，ADDB 和 ADDC。其地址状态与通道对应关系见表 6-2。
- CLK——时钟信号。ADC0809 的内部没有时钟电路，所需时钟信号由外界提供，因此有时钟信号引脚。通常使用频率为 500kHz 的时钟信号，此时转换时间要 100μs。时钟信号频率最高不能超过 1mHz。
- EOC——转换结束信号。EOC = 0，正在进行转换；EOC = 1，转换结束。使用中该状态信号既可作为查询的状态标志，又可作为中断请求信号使用。
- D7～D0——数据输出线。为三态缓冲输出形式，可以和单片机的数据线直接相连。D0 为最低位，D7 为最高。
- OE——输出允许信号。用于控制三态输出锁存器向单片机输出转换得到的数据。OE = 0，输出数据线呈高阻；OE=1，输出转换得到的数据。
- Vcc——+5V 电源。
- Vref——参考电源。参考电压用来与输入的模拟信号进行比较，作为逐次逼近的基准。其典型值为 + 5V(Vref(+) = +5V，Vref(−) = −5V)。

6.1.2.3　MCS-51 单片机与 ADC0809 典型的接口电路

电路连接主要应考虑以下几个问题：一是 8 路模拟信号通道的选择，二是待转换通道地址的锁存以及启动转换，三是转换结束的判断以及 A/D 转换完成后转换数据的传送，还有就是时钟信号的提供等。

在实际应用系统中，如果外围电路比较少，那么在扩展总线工作方式中可以不用低位地址从而可以减少一个锁存器，如本任务中外部电路的片选及地址选择都由 P2 口提供。具体电路见图 6-1 所示。

当然在大部分参考书中所见到的 MCS-51 单片机与 ADC0809 典型的接口电路如图 6-8 所示。

由于 0809 内部没设置时钟电路，所需时钟可以由 8051 发出的 ALE 信号二分频后作为 0809 时钟信号。

P0 口在传送地址低 8 位时由 74LS373 锁存器锁存，74LS373 锁存器输出端的低三位 A2、A1、A0 与 ADC0809 的通道选择地址线 C、B、A 相连。ADC0809 的 START 与 ALE 端由 80C51 的 WR 与 P2.5 经或非后相连，ADC0809 的 OE 端由 80C51 的 RD 与 P2.5 经或非后相连。由此可以确定 8 个通道的端口地址分别为 0XDFF8H、0XDFF9H、0XDFFAH、…0XDFFFH（没用到的地址位全以"1"表示）。

下面结合图 6-8，对通道 0 转换的过程作一分析（通道 0 的通道地址 DFF8H，没用到的地址位全以"1"表示，并已定义：#define ad0 XBYTE (0XDFF8)）

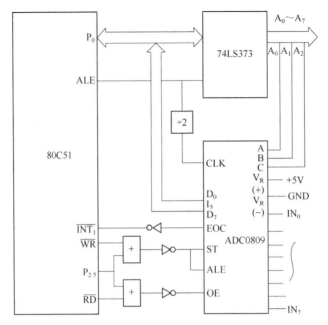

图 6-8　ADC0809 与 MCS-51 的连接电路

1. 启动 A/D 转换	2. 读 A/D 转换后数据
相应启动指令为： Ad0 = 0；//使 P2.5 = 0，WR = 0。CBA = 000 执行本指令时地址锁存与启动转换的信号关系如图 6-9（a）所示。	相应读取指令为： Kk=Ad0 ；//使 P2.5 = 0，RD = 0。 执行本指令时数据输出信号关系如图 6-9（b）所示。

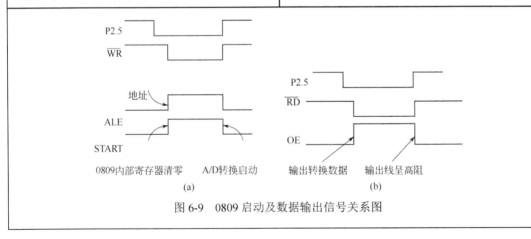

图 6-9　0809 启动及数据输出信号关系图

温馨提示

当 0809 内部完成数据转换后，EOC=1，表示本次 A/D 转换结束，该信号反相后可向 CPU 发出中断申请，CPU 也可定期查询 EOC 状态了解 A/D 转换是否完成，还可以采用等待延时的方法读取转换结果。

6.1.3　D/A 转换器接口及应用

D/A 转换器是将数字量转换成模拟量的器件，根据转换原理可分为调频式、双电阻式、梯形电阻式等，其中梯形电阻式用得较为普遍，常用 D/A 器件有 DAC0832、DAC0831、DAC0830、AD7520、AD7522、AD7528、DAC82 等芯片。

6.1.3.1　DAC0832 结构功能

DAC 0832 是 8 位 D/A 芯片，由美国国家半导体公司生产，片内带数据锁存器，电流输出，输出电流建立时间为 1μs，功耗为 20mW，是目前国内应用最广的 8 位 D/A 芯片。

D/A 转换电路是一个 R-2RT 型电阻网络，实现 8 位数据的转换。

> **温馨提示**
>
> D/A 转换器中的位数是指输入数字量的位数，它决定了 D/A 转换器的分辨率，分辨率是 D/A 转换器对输入量变化敏感程度的描述，输入数字量的位数越多，分辨率也就越高，8 位 DAC 转换器的分辨率为 1/256。常用的有 8 位、10 位和 12 位三种 D/A 转换器。

DAC0832 引脚分布和结构框图见图 6-10（a）、(b)：

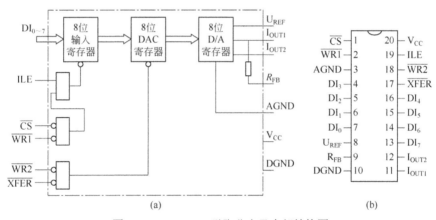

图 6-10　DAC0832 引脚分布及内部结构图

DAC0832 的引脚功能如下：
- D7—D0：数据输入线，TTL 电平，输入有效保持时间应大于 90ns
- ILE：数据锁存允许控制信号输入线，高电平有效。
- $\overline{CS}$：片选信号输入线，低电平有效。
- $\overline{WR1}$：输入锁存器写选通输入线，负脉冲有效，在 ILE，CS 信号有效时，$\overline{WR1}$ 为"0"时可将当前 D7—D0 状态锁存到输入锁存器。
- $\overline{XFER}$：数据传输控制信号输入线，低电平有效。
- $\overline{WR2}$：DAC 寄存器写选通输入线，负脉冲有效，当 $\overline{XFER}$ 为"0"时，$\overline{WR2}$ 有效信号可将当前输入锁存器的输出状态传送到 DAC 寄存器中。
- Iout1：电流输出线，当输入全为 1 时 Iout 最大。
- Iout2：电流输出线，Iout2 + Iout1 为常数。
- Rfb：反馈信号输入线，改变 Rfb 端外接电阻值可调整转换满量程精度。
- Vref：基准电压输入端，Vref 取值范围为-10～+10V。

- VCC：电源电压端，Vcc 取值范围为+5～+15V。
- Agnd：模拟地。
- Dgnd：数字地。

温馨提示

D/A 转换芯片输入是数字量，输出为模拟量，模拟信号极易受电源和数字信号干扰，故为减少输出误差，提高输出稳定性，模拟信号须采用基准电源和独立的地线，一般应将数字地和模拟地分开。

DAC0832 是电流型输出器件，应用时常需外接运算放大器，使之成为电压型输出器件。常用外接运算放大器接法如图 6-11 所示，其中 *RP* 取值在 0～50K 之间。

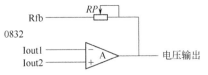

图 6-11　DAC0832 外接运算放大器

在图 6-11 所示的 DAC0832 内部结构图中，输入寄存器和 DAC 寄存器构成两级数据输入锁存。使用时数据输入可以采用两级锁存（双锁存）形式，或单及锁存（一级锁存，一级直通）方式，或直接输入（两级直通）形式。

6.1.3.2　DAC 0832 工作方式

用软件指令控制这 5 个控制端：ILE、CS、WR1、WR2、XFER，可实现三种工作方式：

① 直通工作方式：5 个控制端均有效，直接 D/A；

② 单缓冲工作方式：5 个控制端一次选通（图 6-12）；

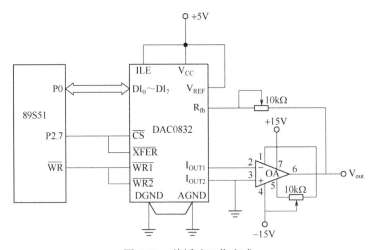

图 6-12　单缓冲工作方式

所谓单缓冲方式是指 0832 中的输入寄存器和 DAC 寄存器一个处于直通方式，另一个处于受控选通方式。例如为使 DAC 寄存器处于直通方式，可设 WR2 = 0 和 XFER = 0，为使输入寄存器处于受控锁存方式，可将 WR1 端接 8051WR 端，ILE ="1"。CS 端可接 8051 地址译码输出，以便为 ADC0832 中输入寄存器确定地址。

例如用 DAC0832 输出一程控电压信号，典型电路连接如图 6-11 所示

③ 双缓冲工作方式：5 个控制端分二次选通。

思考与练习

【实战提高】

① 以图 6-1 设计电路为依据（可直接在任务 6.1 所在目录下打开设计电路文件 "proj13.DSN"），要求用总线方式编程实现在低 6 位上显示字符串 "goodby"，请编写程序、编译和仿真运行。

② 上题改用位控制方式编程，请编写程序、编译和仿真运行。

③ 以图 6-1 设计电路为依据（可直接在任务 6.1 所在目录下打开设计电路文件 "proj13.DSN"），试对本任务程序进行修改，以位控方式进行控制编程以完成本任务的功能，请编写程序、编译和仿真运行。

【巩固复习】

（1）填空题

① 要用总线方式访问 MCS-51 的 I/O 端口，若 P0 口要与器件的地址端相连，则必须在它们两者之间加上（　　　）。

② 在总线方式中，P0 口既要传送地址信息又要传送数据信息，所采用的是（　　　）技术。

③ MCS-51 单片机外部数据存储器（外 RAM）或 I/O 口的地址范围是（　　　），共（　　　）。

④ 常用的 I/O 器件（或存储器）地址分配的方法有两种即（　　　）和（　　　）。

⑤ A/D 转换器的作用是将（　　　）量转为（　　　）；D/A 转换器的作用是将转为（　　　）。

⑥ ADC0809 采用的是（　　　）转换原理，它具有的特点是（　　　）。

⑦ DAC0832 利用（　　　）控制信号可以构成的三种不同的工作方式。

⑧ 在图 6-1 中，ADC0809 通道 3 的通道地址（无关位全以 1 表示）应是（　　　）。

（2）选择题

① 在 MCS-51 单片机中，外部数据存储器（外 RAM）或 I/O 口的地址范围？以下描述不正确的是（　　　）。

　　A．外 RAM 与 I/O 口共用地址范围

　　B．外 RAM 与外 ROM 共用地址范围

　　C．外 ROM 与 I/O 口共用地址范围

　　D．I/O 口地址范围为 00-0XFF

② 在 MCS-51 单片机应用系统中，ALE 信号是（　　　）。

　　A．用于控制对器件的读操作。

　　B．用于控制对器件的写读操作。

　　C．用于控制对 I/O 端口（或外 RAM）低位地址的锁存。

　　D．用于控制对 I/O 端口（或外 RAM）高低位地址的锁存。

③ 在 MCS-51 单片机应用系统中，用于控制对 I/O 端口读操作的控制信号是（　　　）。

　　A．RD　　　　B．WR　　　　C．PSEN　　　　D．EA

④ 在 MCS-51 单片机中，线选法的特点是（　　　）

A．电路简单，不需要地址译码器硬件

B．可寻址的器件数目较少，地址空间不连续

C．I/O 端口地址会重叠（不唯一）

D．以上都是

⑤ ADC0809 芯片是（　　）路模拟输入的 A/D 转换器。

　A．1　　　　　B．8　　　　　C．16　　　　　D．2

⑥ A/D 转换结束可采用（　　）方式编程。

　A．中断方式　　　　　　　　B．查询方式

　C．延时等待方式　　　　　　D．中断、查询和延时等待

⑦ DAC0832 是一种将（　　）的芯片。

　A．8 位模拟量转换成数字量　　B．16 位模拟量转换成数字量

　C．8 位数字量转换成模拟量　　D．16 位数字量转换成模拟量

⑧ DAC0832 的工作方式可以有（　　）

　A．直通工作方式　　　　　　B．单缓冲工作方式

　C．双缓冲工作方式　　　　　D．单缓冲、双缓冲和直通工作方式

【考核与评价】

评价项目	评价内容	分值	自我评价	小组评价	教师评价	得分
技能目标	① 会连接 ADC0809 与单片机之间的电路；	10				
	② 会编写 ADC0809 模数转换程序；	20				
	③ 会用扩展地址法编写程序	10				
知识目标	① 能领会 ADC0809 模数转换原理；	6				
	② 能领会 DAC0832 数模转换原理；	6				
	③ 能领会总线方式工作原理	8				
情感态度	① 出勤情况；	5				
	② 纪律表现；	5				
	③ 作业情况；	20				
	④ 团队意识	10				
	总分	100				

项目 7

扩展并行接口

项目情境描述

MCS-51 虽然具有 4 个独立的并行 I/O 口，但在实际应用中不够该怎么办呢？那就用 8255A 扩展并行 I/O 接口！

任务 7.1　扩展并行 I/O 接口

任务描述

要求：①能用 8 个开关控制 8 个对应的指示灯；②能显示实时时间如"12-00-00"；③能用 4×4 矩阵键盘设置修改当前时间，要求能按位输入设置："A"键进入设置状态（计时停止）——起初秒的个位闪烁，之后可接收输入有效的位，按"B"键在各位之间切换，按 C 键退出设置(计时重启)。

能力培养目标

① 会编写 8255A 的初始化程序。
② 会编写 8255A 的简单应用程序。
③ 能领会可编程并行接口的作用。
④ 能领会可编程并行接口的用法。

学习组织形式

采取以小组为单位互助学习，有条件的每人一台电脑，条件有限的可以两人合用一台电脑。用仿真实现所需的功能后如果有实物板（或自制硬件电路）可把程序下载到实物上再运行、调试，学习过程鼓励小组成员积极参与讨论。

任务实施过程

（1）创建硬件电路

由于本系统要求的 I/O 口较多，单片机本身并不能满足要求，故电路设计如图 7-1 所示，它是在图 4-1 的基础上增加了 8255A 接口电路，同时 8255A 三个并行 I/O 口中 PA 口与 8 个独立按键相连、PB 口与 8 个 LED 指示灯相连、PC 口与一个 4×4 矩阵键盘相连。

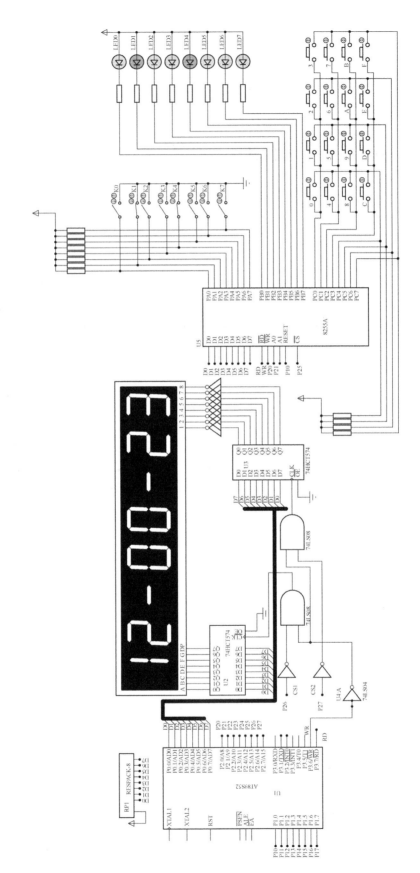

图 7-1 8255A 扩展 I/O 端口

8255A 的复位信号与 P1.7 相连，8 根数据线与单片机的 P0 口依次相连，读写控制信号与单片机的读写控制信号对应相连，片选信号 CS 与 P2.5 相连，片内端口地址选择端 A1、A0 分别与 P2.1、P2.0 相连，从而可确定出 8255A 片内四个端口的地址为 0xDCff～0xDFff。

实现此功能的系统元器件清单如表 7-1。

表 7-1 模拟数字显示系统元器件清单

元器件名称	参　数	数量	元器件名称	参　数	数量
电解电容	22μF	1	IC 插座	DIP40	1
瓷片电容	30pF	2	单片机	89C51	1
晶体振荡器	12MHz	1	排阻	8×200Ω	1
弹性按键		1	锁存器	74HC574	2
电阻	1kΩ	1	IC 插座	DIP20	2
反相器	74LS04	2 块	数码管	8 位×8 段共阳极	1
与门	74LS08	1 块	8255A		1
按键		24	LED 灯		8
电阻	10kΩ	12	电阻	200Ω	8

注：表中灰色底纹部分为系统时钟与复位电路所需的元器件，在图 7-1 中未画出，参见图 1-1。

（2）程序编写

本任务除显示部分外着重要解决的问题是 8255A 的初始化编程与外部设备的应用编程问题。采用模块化编程，主要包括：延时子函数 delay(uint i)、时分秒拆分子函数 bufkz1( )、闪烁位控制子函数 bufkz2( )、显示子函数 display( )、获取键值子函数 getkey( )、时间设置子函数 settime( )、定时器 0 中断函数以及主函数 main( )。

8255A 的初始化编程主要涉及两个方面，一是 8255A 的复位操作——通过拉高 8255A 复位信号端 Reset 并保持一定的时间；二是 8255A 的方式控制，在本系统中 PA 口作为输入以获取 8 个独立按键的值、PB 口作为输出以控制 8 个指示灯按、PC 口 4 位为输出用以实现逐行扫描而高 4 位作为输入以读取矩阵键盘的列值，所以其方式控制字为"1001 1000"即 0X98，把它写入 8255A 的控制口即可让 8255A 各端口按预设的方式工作。

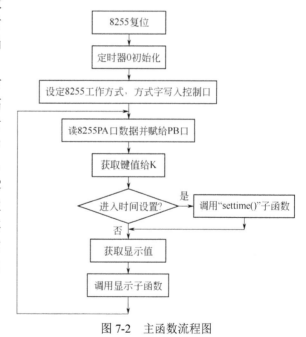

图 7-2 主函数流程图

主函数流程图见图 7-2。

时间设置流程图见图 7-3。

编写的程序如表 7-2，其中：

- 08～11 行：为 8255A 内部四个端口的地址定义；
- 14 行：定义 8255A 复位端；
- 15 行：闪烁标志位、正常走时标志位定义；

- 16 行：50 毫秒、时、分、秒计数器及位设置变量定义；
- 25～33 行：时分秒拆分子函数 bufkz1()，把时、分、秒各拆成个位与十位并放入相应的缓冲区中；
- 34～48 行：闪烁位控制子函数 bufkz2()，其作用是在设置状态下让设置位闪烁，每次只一位闪烁；
- 64～93 行：获取键值子函数，用 8255A 的 PC 口控制矩阵键盘，过程与使用单片机的 P0 口等控制方法相同；
- 94～128 行：时间设置子函数，按下设置键进入本函数，之后可通过切换键在时、分、秒的个位与十位之间切换并设置值，具体流程见图 7-3；

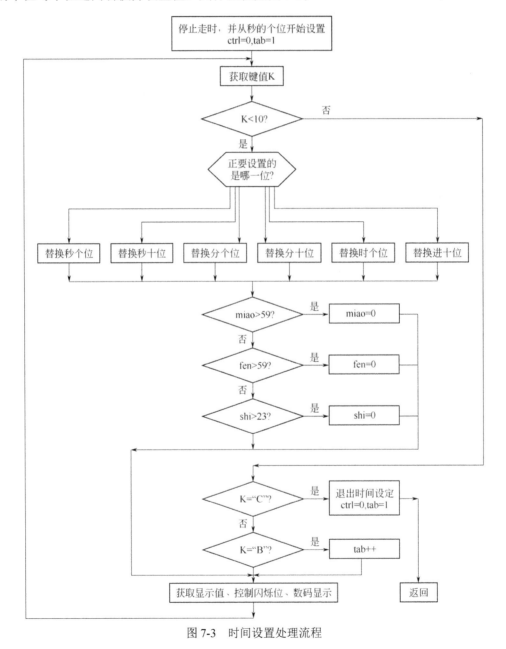

图 7-3 时间设置处理流程

表 7-2 任务 7.1 程序

行号	程序
01	//proj14.c
02	//用 8255 控制扩展 I/O 并行接口
03	//共阳极数码管显示程序
04	#include <REG52.H>
05	#include<absacc.h>
06	#define xin XBYTE[0xbfff] //数码管型的字节地址
07	#define wei XBYTE[0x7fff] //数码管位的字节地址
08	#define PA XBYTE[0xDCff] //8255PA 口地址
09	#define PB XBYTE[0xDDff] //8255PB 口地址
10	#define PC XBYTE[0xDEff] //8255PC 口地址
11	#define PK XBYTE[0xDFff] //8255 控制口地址
12	#define uchar unsigned char
13	#define uint unsigned int
14	sbit rst=P1^0; //定义 8255 复位控制端
15	bit flag,ctrl; //闪烁标志位、正常走时标志位
16	uchar cnt,shi=12,fen,miao,tab; //50 毫秒、时、分、秒计数器及位设置变量
17	uchar buf[8]={11,11,11,11,11,11,11,11};//缓冲区
18	uchar code jpm[4][4]={0,1,2,3,4,5,6,7,8,9,'A','B','C',13,14,15};//键盘码
19	////共阳极字形码（0~9、消隐、-）
20	uchar code zxm[]={0xc0,0xf9,0xa4,0xb0,0x99,0x92,0x82,0xf8,0x80,0x90,0xff,0xbf};
21	delay(uint i)//延时子函数
22	{
23	while(i--);
24	}
25	void bufkz1() //时分秒拆分子函数
26	{
27	buf[7]=shi/10;
28	buf[6]=shi%10;
29	buf[4]=fen/10;
30	buf[3]=fen%10;
31	buf[1]=miao/10;
32	buf[0]=miao%10;
33	}
34	void bufkz2() //闪烁位控制子函数
35	{
36	if(flag)//闪烁显示
37	{
38	switch(tab)//闪烁位定时送消隐码
39	{
40	case 1:buf[0]=10;break;
41	case 2:buf[1]=10;break;
42	case 3:buf[3]=10;break;
43	case 4:buf[4]=10;break;
44	case 5:buf[6]=10;break;
45	case 6:buf[7]=10;break;
46	}

```c
47            }
48      }
49      void display()//显示子函数
50      {
51          uchar i,pos;
52          pos=0x01;
53          wei=0xff; //关闭所有位
54          for(i=0;i<8;i++)
55          {
56              xin=zxm[buf[i]];//送字型码
57              wei=~pos;   //送位码
58              pos=pos<<1;//准备下一位的显示
59              delay(10);  //短暂停留
60              wei=0xff;   //关闭所有位
61          }
62      }
63      /********  获取键值  ********/
64      uchar getkey()
65      {
66          //用 8255 的 PC 口作为键盘接口，低压位输出，高 4 位输入
67          uchar han,lie,pos;
68          PC=0xf0;
69          if(~PC&0xf0)
70          {
71              //有键按下再逐行扫描
72              pos=0x01;
73              delay(10);//去抖动
74              for(han=0;han<4;han++)
75              {
76                  PC=~pos;
77                  if(~PC&0xf0)
78                  {
79                      switch(~PC&0xf0)//识别哪一列有键按下
80                      {
81                          case 0x10:lie=0;break;
82                          case 0x20:lie=1;break;
83                          case 0x40:lie=2;break;
84                          case 0x80:lie=3;break;
85                      }
86                      while(~PC&0xf0);      //等待键释放
87                      return(jpm[han][lie]);//返回键值
88                  }
89                  pos=pos<<1;  //为下一行扫描作准备
90              }
91              return(0xff);    //没键按下返回0xff
92          }
93      }
```

```c
94   settime()  //时间设置子函数
95   {
96       uchar k;
97       ctrl=0,tab=1;//计时停止,并从秒的个位开始设置
98       while(1)
99       {
100          k=getkey();//获取键值
101          if(k!=255)
102          {
103              if(k<10)
104              {
105                  switch(tab)   //键入的数字替换指定的位(闪烁位)
106                  {
107                      case 1:miao=10* (miao/10)+k;break;  //秒个位
108                      case 2:miao=10*k+miao%10;break;     //秒十位
109                      case 3:fen =10* (fen/10)+k;break;   //分个位
110                      case 4:fen =10*k+fen%10; break;     //分十位
111                      case 5:shi =10*(shi/10)+k; break;   //时个位
112                      case 6:shi =10*k+shi%10; break;     //时十位
113                  }
114              //设定过程若时、分、秒超值则归0
115                  if(miao>59)miao=0;
116                  if(fen>59) fen=0;
117                  if(shi>23) shi=0;
118              }
119              if(k=='C')break;//退出时间设定
120              if(k=='B')tab++;//在不同位间移动设定
121              if(tab>6)tab=1;//防止超过
122          }
123          bufkz1();  //获取显示值*
124          bufkz2();  //控制闪烁位
125          display();//数码显示
126      }
127      ctrl=1,tab=0;//退出时间设定,恢复正常走时
128  }
129  main()
130  {
131      uchar k;
132      rst=1;      //8255A 高电平时复位
133      delay(10); //复位维持时间
134      rst=0;      //8255 复位结束,进入正常工作
135      //定时器 0 初始化:工作于定时方式 1 状态,定时时间 50ms
136      TMOD=0x01;
137      TH0=(65536-46080)/256;
138      TL0=(65536-46080)%256;
139      EA=ET0=T1;  //允许定时器 0 中断
140      TR0=ctrl=1; //启动定时器开始工作,控制标志置 1
```

141	`    //8255A 初始化：设定工作方式--PA 口方式 0 输入，PB 口方式 0 输出，PC 口高 4 位输入低 4`
142	`位输出`
143	`    PK=0X98;`
144	`    while(1)`
145	`    {`
146	`       PB=PA;        //读取 8255PA 口的值并直接输出给 PB 口，以实现开关直接控制指示灯`
147	
148	`        k=getkey(); //获取按键`
149	`        if(k=='A')settime();//若按下的是"A"键则进入时间设置`
150	`        bufkz1();    //获取显示值`
151	`        display();   //数码管显示`
152	`    }`
153	`}`
154	`time0() interrupt 1   //定时器 50ms 定时中断函数`
155	`{`
156	`    //定时器重装`
157	`    TH0=(65536-46080)/256;`
158	`    TL0=(65536-46080)%256;`
159	`    cnt++;   //50 毫秒个数加 1`
160	`    if(cnt>=20)`
161	`    {`
162	`        //1s 到`
163	`        cnt=0;           //50ms 计数器清 0`
164	`        if(ctrl)miao++;//在时间设置过程秒变量不变，正常走时状态秒变量加 1`
165	`    }`
166	`    if(miao>59)miao=0,fen++;//1 分到分加 1`
167	`    if(fen >59)fen =0,shi++;//1 小时到时加 1`
168	`    if(shi >23)shi=0;        //1 天到时变量回 0`
169	`if(cnt%10==0)flag=~flag;//控制闪烁频率为 1s 闪 1 次`
170	`}`

- 154~170 行：定时器 0 定时中断函数，在走时状态下控制秒、分、时的实时变化（行 160~168），行 169 控制闪烁频率为每秒一次（是否需要闪烁显示具体由时间设置子函数决定）；

- 129~153 行：主函数，主要包括初始化部分及系统工作过程控制，具体过程见图 7-2。

（3）创建程序文件并生成.HEX 文件

打开 MEDWIN，新建项目文件"P14"，创建程序文件"Proj14.C"，输入上述程序，然后按工具栏上的"产生代码并装入"按钮（或按 CTRL + F8），如果编译发现错误需对程序进行修改，直到编译成功，此时将在对应任务文件夹的 OUTPUT 子目录中生成目标文件"P14.HEX"。

（4）运行程序观察结果

在 Proteus 中打开任务设计电路"proj14DSN"，把已编译所生成的"P14. HEX"文件下载到单片机中，再运行并观察结果。

如果有实物板可把程序下载到实物上再运行、调试。也可以根据图 7-1 与表 7-1 提供的原理图与器件清单在万能板上搭出电路后再把已编译所生成的 HEX 文件下载到单片机中。然后再调试运行。

并行通信就是把一个字符的各位同时用几根线进行传输,传输速度快,但使用的电缆多,随着传输距离的增加,电缆的开销会成为突出的问题,所以,并行通信适用在传输速率要求较高,而传输距离较短的场合。

Intel 8255A 是一个通用的可编程的并行接口芯片,它有三个并行 I/O 口,又可通过编程设置多种工作方式,价格低廉,使用方便,可以直接与 Intel 系列的芯片连接使用,在中小系统中有着广泛的应用。

7.1.1 8255A 的内部结构

8255A 的内容见图 7-4。

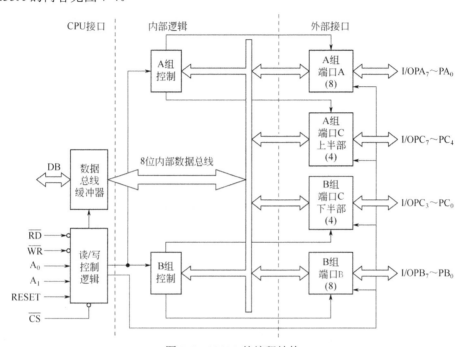

图 7-4　8255A 的编程结构

（1）三个数据端口 A、B、C

这三个端口均可看作是 I/O 口,但它们的结构和功能稍有不同。

① A 口：是一个独立的 8 位 I/O 口,它的内部有对数据输入/输出的锁存功能。

② B 口：也是一个独立的 8 位 I/O 口,仅对输出数据的锁存功能。

③ C 口：它既可以看作是一个独立的 8 位 I/O 口,也可以看作是两个独立的 4 位 I/O 口。C 口也仅对输出数据进行锁存。

（2）A 组和 B 组的控制电路

这是两组根据 CPU 命令控制 8255A 工作方式的电路,这些控制电路内部设有控制寄存器,可以根据 CPU 送来的编程命令来控制 8255A 的工作方式,也可以根据编程命令来对 C 口的指定位进行置/复位的操作。

A 组控制电路用来控制 A 口及 C 口的高 4 位；

B 组控制电路用来控制 B 口及 C 口的低 4 位。

（3）数据总线缓冲器

8 位双向三态缓冲器。作为 8255A 与系统总线连接的界面,输入/输出的数据,CPU 的编程命令以及外设通过 8255A 传送的工作状态等信息,都是通过它来传输的。

（4）读/写控制逻辑

读/写控制逻辑电路负责管理 8255A 的数据传输过程。它接收片选信号 $\overline{CS}$ 及系统读信号 $\overline{RD}$、写信号 $\overline{WR}$、复位信号 RESET，还有来自系统地址总线的口地址选择信号 A0 和 A1。

7.1.2 8255A 的引脚功能

8255A 的引脚信号可以分为两组：一组是面向 CPU 的信号；另一组是面向外设的信号。

（1）面向 CPU 的引脚信号及功能

- D0-D7：8 位，双向，三态数据线，用来与系统数据总线相连。
- RESET：复位信号，高电平有效（高电平信号维持时间必须大于两个机器周期），输入，用来清除 8255A 的内部寄存器，并置 A 口、B 口、C 口均为输入方式；8255A 工作时此信号必须为低电平。
- $\overline{CS}$：片选，输入，用来决定芯片是否被选中。
- $\overline{RD}$：读信号，输入，控制 8255A 将数据或状态信息送给 CPU。
- $\overline{WR}$：写信号，输入，控制 CPU 将数据或控制信息送到 8255A。
- A1，A0：内部口地址的选择，输入。这两个引脚上的信号组合决定对 8255A 内部的哪一个口或寄存器进行操作。8255A 内部共有 4 个端口：A 口，B 口，C 口和控制口，两个引脚的信号组合选中端口见表 7-2。

$\overline{CS}$，$\overline{RD}$，$\overline{WR}$，A1，A0 这几个信号的组合决定了 8255A 的所有具体操作。

表 7-2　8255A 的操作功能表

$\overline{CS}$	$\overline{RD}$	$\overline{WR}$	A1	A0	操作	数据传送方式
0	0	1	0	0	读 A 口	A 口数据→数据总线
0	0	1	0	1	读 B 口	B 口数据→数据总线
0	0	1	1	0	读 C 口	C 口数据→数据总线
0	1	0	0	0	写 A 口	数据总线数据→A 口
0	1	0	0	1	写 B 口	数据总线数据→B 口
0	1	0	1	0	写 C 口	数据总线数据→C 口
0	1	0	1	1	写控制口	数据总线数据→控制口

（2）面向外设的引脚信号及功能

- PA0～PA7：A 组数据信号，用来与外设连接。
- PB0～PB7：B 组数据信号，用来与外设连接。
- PC0～PC7：C 组数据信号，用来与外设连接或者作为控制信号。

7.1.3 8255A 的工作方式

8255A 有三种工作方式，用户可以通过编程来设置。

方式 0：简单输入/输出——查询方式；A，B，C 三个端口均可。

方式 1：选通输入/输出——中断方式；A，B，两个端口均可。

方式 2：双向输入/输出——中断方式。只有 A 端口才有。

工作方式的选择可通过向控制端口写入控制字来实现，图 7-5 为方式控制字各位的含义示意图。

【例 7-1】　8255A 端口 A 工作于方式 0 输出，端口 B 方式 0 输入，端口 C 高四位输出，端口 C 低四位输入。8255A 各端口地址为 7CFFH～7FFFH，请编写出初始化程序。

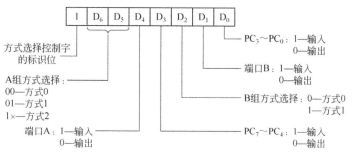

图 7-5 方式控制字

解:(1)确定方式控制字

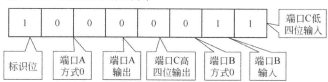

即方式控制字为 0X83

(2)写初始化程序

```
#define  P8255_CON  XBYTE[0x7FFF]    //定义8255控制口扩展地址
P8255_CON=0X83;方式控制字1000 0011B
```

试一试:

8255A 端口 A 工作于方式 0 输入,端口 B 方式 1 输入,端口 C 高四位输出,端口 C 低四位配合端口 B 工作。8255A 各端口地址为 7CFFH~7FFFH,请编写出初始化程序。

7.1.4　8255A 的编程及应用

(1)8255A 的编程

对 8255A 的编程涉及以下几个内容。

① 写方式控制字以设置工作方式等信息。

② 使 C 口的指定位置位/复位的功能。

③ 据具体要求在相应的时机对端口读取数据或写入数据。

注:①、②两项均写入控制端口。

(2)C 口置位/复位控制字格式

C 口置位/复位控制字的作用是强制使 C 口的某一位置 1 或清 0,其格式如图 7-6 所示。

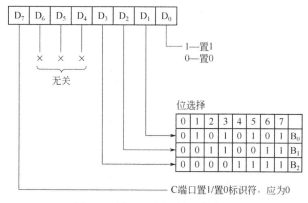

图 7-6　端口 C 置 1/清 0 控制字

注：该控制字必须写入控制端口

试一试：

现要使 8255A 端口 C 的第 4 位（PC4）清 0、第 2 位（PC2）置 1，请写出实现此功能的语句段。已知 8255A 各端口地址为 7CFFH～7FFFH。

思考与练习

【实战提高】

以图 7-1 设计电路为依据（可直接在任务 7.1 所在目录下打开设计电路文件 "proj14.DSN"），要求如下：键盘输入要点亮的灯的序号如 "2378" 表示 2、3、7、8 号灯要亮（设 8 个 LED 灯自上而下编号为 1～8），输入的数字在数码管上右移显示（最后输入的显示在最低位），按 "A" 键代表退格并删除刚输入的一个数位，输入 "D" 表示确认，此后 LED 灯即按设定的序号点亮（可以重新设置）。系统启动后数据码管初始状态为只显示 "−"（最高位），8 个 LED 灯全亮。

【巩固复习】

（1）填空题
① 并行 I/O 接口具有的特点是（   ）
② 8255A 是一种可编程的（   ）行输入输出接口。
③ 8255A 有（   ）种工作方式
④ 8255A 在 reset 端为（   ）电平时复位，复位后各端口（   ）。
⑤ 8255A 的方式控制字应写入（   ）口，C 口置位/复位控制字应写入（   ）。
⑥ 8255A 只有（   ）端口才具有双向 I/O 工作方式。

（2）选择题
① 设 8255 的相关地址线 CS、A1、A0 分别与 51 单片机的 P2.6、P2.2、P2.1 相连时，则按总线方式工作时，下列可作为 PA 口地址的有（   ）
    A．0XB9FF   B．0XB900   C．0XFBFF   D．0XBFFF
② 设 8255 的相关地址线 CS、A1、A0 分别与 51 单片机的 P2.6、P2.2、P2.1 相连时，则按总线方式工作时，下列可作为 PC 端口地址的是（   ）
    A．0XB9FF   B．0XBDFF   C．0XBEFF   D．0XBFFF
③ 现要求 8255A 的 PA 口工作于方式 0 的输入方式，PB 口工作于方式 0 的输出方式，PC 口工作于输入方式，则方式控制字为（   ）
    A．0X89   B．0X98   C．0X99   D．0X19
④ 现要求 8255A 的 PA 口工作于方式 0 的输出方式，PB 口工作于方式 0 的输入方式，PC 口高 4 位工作于输入方式低 4 位工作于输出方式，则方式控制字为（   ）
    A．0X8A   B．0X9A   C．0X9B   D．0X89
⑤ 现要求把 8255A 的 PC5 设置为 1，则 C 口置位/复位控制字应为（   ）
    A．0X0A   B．0X0D   C．0X8B   D．0X0B

【考核与评价】

评价项目	评价内容	分值	自我评价	小组评价	教师评价	得分
技能目标	① 会用扩展地址法编写 I/O 口程序；	25				
	② 会写出 I/O 端口地址	15				
知识目标	能领会总线方式工作原理	20				
情感态度	① 出勤情况；	5				
	② 纪律表现；	5				
	③ 作业情况；	20				
	④ 团队意识	10				
	总分	100				

项目 8

双机通信

项目情境描述

在实际应用中经常需要把现场处理的信息汇总到上位机统一加以处理，这时可以通过串行接口在两机（或多机）之间架起一个沟通的桥梁。

任务 8.1　双机通信

任务描述

要求：①若甲机的 K1～K4 有开关处于按下状态，则仅显示对应通道的电压值（若有多个开关按下，只显示其中的一个，序号小的优先）；②若甲机的 K1～K4 均处于断开状态，那么要求以每隔 2s 从乙机的 4 个通道 1、通道 3、通道 5、通道 7（序号按顺序编排即 1、2、3、4）采集电压量并显示在甲机的数码管上；③显示格式为"NO*—*.**"，如采集到序号 2 的电压值为 3.75，则显示结果为"n0.2—3.75"。

能力培养目标

① 会编写 51 单片机串行口初始化程序；
② 会编写 51 单片机串行口发送与接收程序；
③ 能领会 51 单片机串行口的工作方式；
④ 能领会串行口的工作特点及波特率的含义。

学习组织形式

采取以小组为单位互助学习，有条件的每人一台电脑，条件有限的可以两人合用一台电脑。用仿真实现所需的功能后如果有实物板（或自制硬件电路）可把程序下载到实物上再运行、调试，学习过程鼓励小组成员积极参与讨论。

任务实施过程

（1）创建硬件电路

电路设计如图 8-1 所示，它由甲机电路与乙机电路两部分组成，甲机电路是在任务 4.1 的基础上外加三个按钮开关组成（见图 8-1 的下半部分），其主要作用是实现开关控制及显示来

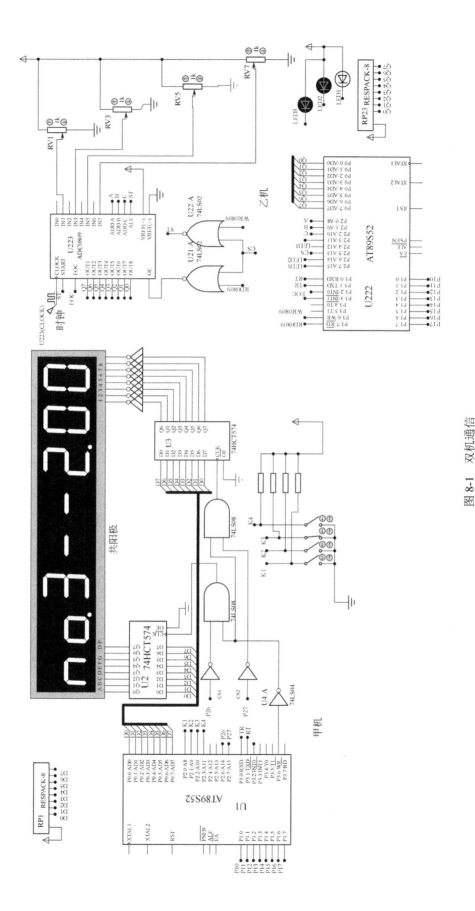

图 8-1 双机通信

自乙机的信息；乙机电路是在任务 6.1 的基础上去掉显示部分并增加两路电压输入（见图 8-1 的上半部分），其主要作用是实现现场电压信号的采集并转换成数字量再通过串口发送到甲机。

温馨提示

在实际应用中，甲机电路与乙机电路是完全独立并分布于两个不同位置，然后通过串口把两机联系起来。

实现此功能的系统元器件清单如表 8-1、表 8-2。

表 8-1 串行通信甲机部分元器件清单

元器件名称	参　数	数　量	元器件名称	参　数	数　量
电解电容	22μF	1	IC 插座	DIP40	1
瓷片电容	30pF	2	单片机	89C51	1
晶体振荡器	12MHz	1	排阻	8×200Ω	1
弹性按键		1	锁存器	74HC574	2
电阻	1kΩ	1	IC 插座	DIP20	2
反相器	74LS04	2 块	数码管	8 位×8 段共阳极	1
与门	74LS08	1 块	ADC0809		1
时钟源	640kHz 左右	1	或非门	74LS02	1
可调电阻		3			

表 8-2 串行通信乙机部分元器件清单

元器件名称	参　数	数　量	元器件名称	参　数	数　量
电解电容	22μF	1	IC 插座	DIP40	1
瓷片电容	30pF	2	单片机	89C51	1
晶体振荡器	12MHz	1	排阻	8×200Ω	1
弹性按键		1	IC 插座	DIP20/28	各 1
电阻	1kΩ	1	ADC0809		1
时钟源	640kHz 左右	1	或非门	74LS02	1
可调电阻		4			

注：表中灰色底纹部分为系统时钟与复位电路所需的元器件，在图 8-1 中未画出，参见图 1-1。

（2）程序编写

① 编程思想。

甲机程序：除显示函数、定时器 0 中断函数、延时等函数外，主要的有甲机主函数（见图 8-2）、串口及定时器初始化函数（见图 8-3），以及甲机串口中断函数（见图 8-4）。程序见表 8-3。

乙机程序：除延时等函数、串口及定时器初始化函数外，主要的有乙机主函数见图 8-5、A/D 转换函数以及乙机串口中断函数见图。程序见表 8-4。

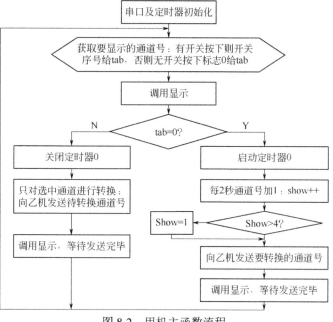

图 8-2　甲机主函数流程

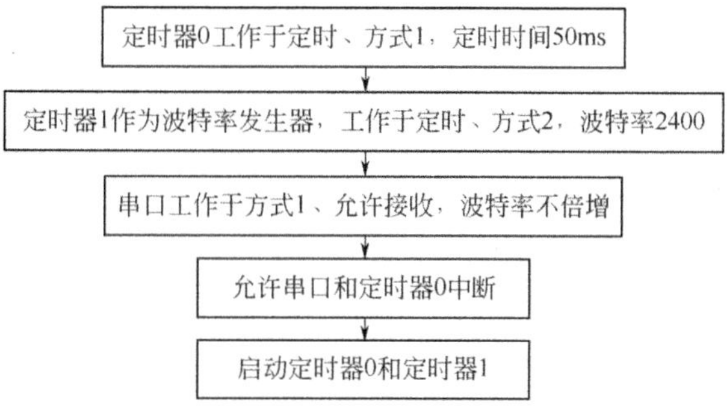

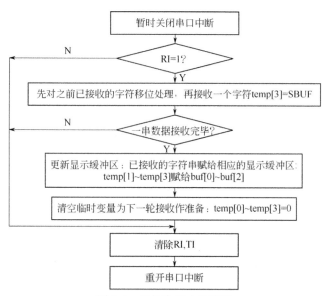

图 8-3　甲机定时器和串口初始化流程

图 8-4　甲机串口中断流程

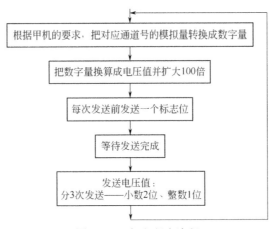

图 8-5 乙机主程序流程

② 编写程序如下：

表 8-3 甲机程序

行号	程序
01	//proj15_1.c
02	//甲机--发送待转换通道号，接收乙机转换的结果，在共阳极数码管上显示
03	#include <REG52.H>
04	#include<absacc.h>　　//包含扩展地址法中对端口地址数据长度的定义头文件
05	#define xin XBYTE[0xbfff] //数码管型控制端口地址，控制端 P2.6（低电平有效）
06	#define wei XBYTE[0x7fff] //数码管位控制端口地址，控制端 P2.7（低电平有效）
07	#define uchar unsigned char
08	#define uint unsigned int
09	//定义四路开关
10	sbit k1=P2^0;
11	sbit k2=P2^1;
12	sbit k3=P2^2;
13	sbit k4=P2^3;
14	uchar cnt;//50ms 计数器
15	//uint num;
16	delay(uint i)//延时函数
17	{
18	while(i--);
19	}
20	uchar temp[4];//接收过程临时变量缓冲区
21	uchar buf[8]={10,10,10,13,13,10,12,11};//显示缓冲区
22	//字型码
23	uchar code zxm[]={0xc0,0xf9,0xa4,0xb0,0x99,0x92,0x82,
24	0xf8,0x80,0x90,0xff,0xab,0x23,0xbf,};
25	void display()　　//扩展地址法显示子程序
26	{
27	uchar i,pos;
28	pos=0x01;
29	wei=0xff; //关闭所有位
30	for(i=0;i<8;i++)
31	{

```c
        if(i==2)xin=zxm[buf[i]]-0X80;//送字型码,整数后跟小数点
        else    xin=zxm[buf[i]];//送字型码
        wei=~pos;   //送位码      (注意:每次一位为0,经反相器后送位公共端
        pos=pos<<1;//准备下一位的显示
        delay(10);
        wei=0xff;  //关闭所有位
    }
}
csh()   //初始化
{
    TMOD=0X21;   //定时器0工作于定时的方式1,定时器1工作于定时的方式2

    //定时器0定时50ms,设置时间常数
    TH0=(65536-46080)/256;
    TL0=(65536-46080)%256;
    //定时器1(波特率2400,$f_{osc}$=11.0592MHz)
    TH1=TL1=0xf4;
    PCON=0;    //SMOD=0
    SCON=0x50;//串行口工作于方式1,允许接收
    EA=ES=ET0=1;//允许串行口、定时器0工作于中断方式
    TR1=TR0=1;  //启动定时器0、定时器1
}
//主函数
main()
{
    uchar i,tab,show=1;
    csh();
    while(1)
    {
        //判断开关:开关决定要显示的通道序号
        if(k1==0)tab=1;
        else if(k2==0)tab=2;
        else if(k3==0)tab=3;
        else if(k4==0)tab=4;
        else tab=0;
        display();          //调用显示子程序
        if(tab==0)
        {
        //无开关按下,以2s间隔依次获取四路的转换结果并显示
        //定时器开启循环显示
            TR0=1;
            if(cnt>=40)cnt=0,show++; //每2秒移到下一路
            if(show>4)show=1;        //共4路
            buf[5]=show;             //当前路数
            SBUF=show;     //发送显示通道位
            for(i=0;i<7;i++)display();

        }
        else
```

```
81                    {
82                            //有开关按下，只显示相应通道的转换结果
83                            //定时器关闭
84                            TR0=cnt=0;
85                            buf[5]=tab;      //当前路数
86                            SBUF=tab;        //发送要获取转换结果的通道位
87                            for(i=0;i<7;i++)display();
88                    }
89
90       //   display();
91       }
92  }
93  CK()interrupt 4 using 3    //串口中断函数
94  {
95      ES=0;   //暂时关闭串口中断
96      if(RI)
97      {
98          //接收中断处理
99          temp[0]=temp[1];
100         temp[1]=temp[2];
101         temp[2]=temp[3];
102         temp[3]=SBUF;    //读取串口
103     }
104     if(temp[0]==0XFF)//每次发送有效字符前先发送一个标志数据 0XFF
105         {
106             //一组数据接收完毕，更新显示缓冲区
107             buf[2]=temp[3];
108             buf[1]=temp[2];
109             buf[0]=temp[1];
110             //清空临时变量准备下次读取
111             temp[0]=temp[1]=temp[2]=temp[3]=100;
112         }
113     RI=TI=0,ES=1;    //清除接收和发送中断标志，重开串口中断
114 }
115 time0()interrupt 1    //定时器 0 中断函数
116 {
117     //重装时间常数
118     TH0=(65536-46080)/256;
119     TL0=(65536-46080)%256;
120     cnt++;    //50ms 计数器加 1
121 }
```

③ 甲机程序说明
- 25～49 行：扩展地址法显示函数，行 32-33 用于判断是否要在数据位上带小数点。
- 40～53 行：串口及定时器初始化函数。
- 55～92 行：为主函娄数。
- 93～114 行：为串口中断函数。
- 115～121 行：定时器 0 中断函数。

表 8-4　乙机程序

行号	程序
01	`//proj15_2.c`
02	`//乙机--接收待转换通道号，向甲机发送转换的结果`
03	`#include <REG52.H>`
04	`#include<absacc.h>`　　//包含扩展地址法中对端口地址数据长度的定义头文件
05	`#define uchar unsigned char`
06	`#define uint unsigned int`
07	`#define ad1 XBYTE[0xd9ff]`　//定义0809通道1扩展地址，片选控制端P2.5（低电平有效）
08	
09	`#define ad3 XBYTE[0xdbff]`　//定义0809通道7扩展地址，片选控制端P2.5（低电平有效）
10	
11	`#define ad5 XBYTE[0xddff]`　//定义0809通道1扩展地址，片选控制端P2.5（低电平有效）
12	
13	`#define ad7 XBYTE[0xdfff]`　//定义0809通道7扩展地址，片选控制端P2.5（低电平有效）
14	
15	`sbit AD_EOC=P3^3;`　　　　//0809转换结束标志位
16	`bit flag;`
17	`uchar tab;`
18	`uint adNumber;`
19	`delay(uint i){ while(i--);}`//延时
20	`uchar getad1()`
21	`{`
22	`ad1=0xff;`　　//启动通道1开始转换
23	`while(!AD_EOC);`//等待转换结束
24	`return(ad1);`　//返回通道1转换结果
25	`}`
26	`uchar getad3()`
27	`{`
28	`ad3=0xff;`　　//启动通道3开始转换
29	`while(!AD_EOC);`//等待转换结束
30	`return(ad3);`　//返回通道3转换结果
31	`}`
32	`uchar getad5()`
33	`{`
34	`ad5=0xff;`　　//启动通道5开始转换
35	`while(!AD_EOC);`//等待转换结束
36	`return(ad5);`　//返回通道5转换结果
37	`}`
38	`uchar getad7()`
39	`{`
40	`ad7=0xff;`　　//启动通道7开始转换
41	`delay(50);`　　//等待转换结束（100μs以上）
42	`return(ad7);`　//返回通道7转换结果
43	`}`
44	`csh()`　//初始化
45	`{`
46	`TMOD=0X21;`　//定时器0工作于定时的方式1，定时器1工作于定时的方式2
47	
48	//定时器0定时50ms，设置时间常数
49	`TH0=(65536-46080)/256;`

```
50          TL0=(65536-46080)%256;
51          //定时器1（波特率2400,f_osc=11.0592MHz）
52          TH1=TL1=0xf4;
53          PCON=0;     //SMOD=0
54          SCON=0x50;//串行口工作于方式1,允许接收
55          EA=ES=1;//ET0=1;//允许串行口、定时器0工作于中断方式
56          TR1=TR0=1;   //启动定时器0、定时器1
57     }
58     main()   //主函数
59     {
60          uchar i;
61          csh();
62          while(1)
63          {
64              //根据甲机要求把相应通道的模拟量转换成数字量
65                  switch(tab)
66                  {
67                      case 1:adNumber=getad1();break;
68                      case 2:adNumber=getad3();break;
69                      case 3:adNumber=getad5();break;
70                      case 4:adNumber=getad7();break;
71                  }
72              //换算,扩大100倍
73              adNumber=adNumber*100/51;
74              SBUF=0;//发送特定代码给甲机（标志）
75              delay(1000);//等待发送完毕约需5毫秒
76              for(i=0;i<3;i++)
77              {
78                  //发送转换结果（每次1个字节,共3次）
79                  SBUF=adNumber%10;
80                  delay(1000);          //等待发送完毕约需5ms
81                  adNumber/=10;
82              }
83              //发送转换后的数值
84          }
85     }
86     CK()interrupt 4 using 3
87     {
88          ES=0;
89          if(RI)tab=SBUF; //读取甲机发来的通道号
90          RI=TI=0,ES=1;
91     }
```

④ 乙机程序说明
- 20～25行、26～31行、32～37行、38～43行：分别对应4个通道的模数转换函数。
- 47～57行：为定时器及串口初始化函数，与甲机相似。
- 58～85行：为乙机主函数。
- 86～91行：为乙机串口中断函数

（3）创建程序文件并生成.HEX文件

打开 MEDWIN，新建项目文件"P15"，创建程序文件"Proj15_1.C"，输入上述甲机程

序，然后按工具栏上的"产生代码并装入"按钮（或按 CTRL+F8），如果编译发现错误需对程序进行修改，直到编译成功，此时将在对应任务文件夹的 OUTPUT 子目录中生成目标文件"P15.HEX"，之后把"P15.HEX"更名为"S1.HEX"。

然后再创建程序文件"Proj15_2.C"，输入上述乙机程序，然后按工具栏上的"产生代码并装入"按钮（或按 CTRL+F8），如果编译发现错误需对程序进行修改，直到编译成功，此时在对应任务文件夹的 OUTPUT 子目录中又将生成目标文件"P15.HEX"，之后把"P15.HEX"更名为"S2.HEX"。

（4）运行程序观察结果

在 Proteus 中打开任务 8.1 设计电路"proj15DSN"，把已编译所生成的"S1.HEX"文件下载到甲机单片机中、把"S2.HEX"文件下载到乙机单片机中，再运行并观察结果。

如果有实物板可把程序下载到实物上再运行、调试。也可以根据图 8-1 与表 8-1 提供的原理图与器件清单在万能板上搭出电路后再把已编译所生成的 HEX 文件下载到单片机中。然后再调试运行。

8.1.1 异步串行通信技术

计算机与外界的信息交换称为通信。常用通信方式有两种：并行通信与串行通信，简称并行传送和串行传送。并行传送具有传送速度快、效率高等优点，但传送多少数据位就需要多少根数据线，传送成本高；串行传送是按位顺序进行数据传送，一般仅需要一根传输线即可完成，传送距离远，但传送速度慢。串行通信又分同步和异步两种方式。同步通信中，在数据传送开始时先用同步字符来指示（常约定 1～2 个），并由同时传送的时钟信号来实现发送端和接收端同步，即检测到规定的同步字符后，接着就连续按顺序传送数据。这种传送方式对硬件结构要求较高。在单片机异步通信中，数据分为一帧一帧地传送，即异步串行通信一次传送一个完整字符，字符格式如图 8-6 所示。

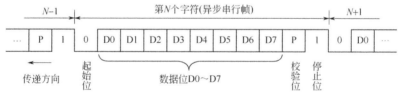

图 8-6 异步通信中帧格式

一个字符应包括以下信息。

① 起始位：对应逻辑 0（space）状态。发送器通过发送起始位开始一帧字符的传送。

② 数据位：起始位之后传送数据位。数据位中低位在前，高位在后。数据位可以是 5、6、7、8 位。

③ 奇偶校验位：奇偶校验位实际上是传送的附加位，若该位用于用于奇偶校验，可校检串行传送的正确性。奇偶校验位的设置与否及校验方式（奇校验还是偶校验）由用户需要确定。

④ 停止位：用逻辑 1（mark）表示。停止位标志一个字符传送的结束。停止位可以是 1、1.5 或 2 位。

串行通信中用每秒传送二进制数据位的数量表示传送速率，称为波特率。

$$1 \text{ 波特} = 1 \text{bps}（位/秒）$$

例如数据传送速率是 240 帧/秒，每帧由一位起始位、八位数据位和一位停止位组成，则传送速率为：

$$10 \times 240 = 2400 \text{ 位/秒} = 2400 \text{ 波特}$$

相互通信的甲乙双方必须具有相同的波特率，否则无法成功地完成串行数据通信。

单片机的串行通信主要采用异步通信传送方式。在串行通信中，按不同的通信方向有单工传送和双工传送之分，如图 8-7 所示。

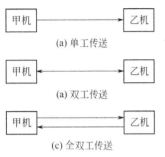

图 8-7　串行通信传输方向

图 8-7（a）中，甲、乙两机只能单方向发送或接收数据，称之为单工传送；图 8-7（b）中，甲机和乙机能分时进行双向发送和接收数据，称之为半双工传送；图 8-7（c）中，甲乙两机能同时双向发送和接收数据，称之为全双工传送。

8.1.2　8051 串行口的基本结构

80C51 系列单片机有一个全双工的串行口，这个口既可以用于网络通信，也可以实现串行异步通信，还可以作为同步移位寄存器使用。

MCS-51 系列单片机串行口结构框图如图 8-8 所示。

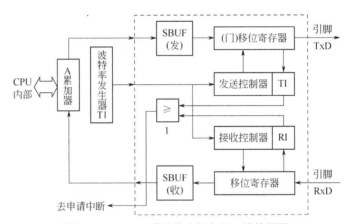

图 8-8　MCS-51 系列单片机串行口结构框图

（1）串行口缓冲寄存器 SBUF

图 8-8 中 SUBF 是串行口缓冲寄存器，发送 SBUF 和接收 SBUF 地址同为 99H，但由于发送 SBUF 不能接收数据，接收 SBUF 也不具有发送功能，故二者工作互不干扰。当 CPU 向 SBUF 写入时，数据进入发送 SBUF，同时启动串行发送；CPU 读 SBUF 时，实际上是读接收 SBUF 数据。

串行口缓冲寄存器 SBUF 在逻辑上只有一个，既表示发送寄存器，又表示接收寄存器，具有同一个单元地址 99H，用同一寄存器名 SBUF。但在物理上有两个，一个是发送缓冲寄存器，另一个是接收缓冲寄存器。发送时，只需将发送数据输入 SBUF，CPU 将自动启动和完成串行数据的发送；接收时，CPU 将自动把接收到的数据存入 SBUF，用户只需从 SBUF 中读出接收数据。

（2）串行通信控制寄存器 SCON

与串行通信有关的控制寄存器主要是串行通信控制寄存器 SCON，它是 8051 的一个可以位寻址的专用寄存器，用于串行数据通信的控制。SCON 的单元地址 98H，位地址 9FH—98H。寄存器内容及位地址表示如下：

位地址	9F	9E	9D	9C	9B	9A	99	98
位符号	SM0	SM1	SM2	REN	TB8	RB8	TI	RI

各位功能说明如下：

位符号	功　能　说　明
SM0, SM1	SM0，SM1——串行口工作方式选择位： SM0 SM1 工作方式　　功　　能 　0　　0　　　0　　　8 位数码传送，波特率固定，为晶振 $f/12$。 　0　　1　　　1　　　10 位数码传送，波特率可变。 　1　　0　　　2　　　11 位数码传送，波特率固定，为晶振 $f/64$ 或晶振 $f/32$。 　1　　1　　　3　　　11 位数码传送，波特率可变。
SM2	SM2——多机通信控制位： 　　当串行口以方式 2 或方式 3 接收时，如 SM2=1，则只有当接收到的第九位数据（RB8）为 1，才将接收到的前 8 位数据送入接收 SBUF，并使 RI 置位 1，产生中断请求信号；否则将接收到的前 8 位数据丢弃。而当 SM2=0 时，则不论第九位数据为 0 还是为 1，都将前 8 位数据装入接收 SBUF 中，并产生中断请求信号。对方式 0，SM2 必须为 0，对方式 1，当 SM2=1，只有接收到有效停止位后才使 RI 置位 1。
REN	REN——允许接收位，用于对串行数据的接收进行控制： REN=0，禁止接收；REN=1，允许接收。该位由软件置 1 或清零。
TB8	TB8——发送数据位 8： 在方式 2 和方式 3 时，TB8 是要发送的第 9 位数据。
RB8	RB8——接收数据位 8： 在方式 2 和方式 3 中，RB8 位存放接收到的第 9 位数据
TI	TI——发送中断标志： 当方式 0 时，发送完第 8 位数据后，该位由硬件置位。在其他方式下，于发送停止位之前由硬件置位。因此 TI=1，表示帧发送结束。其状态既可供软件查询使用，也可请求中断。TI 位由软件清 0。
RI	RI——接收中断标志： 当方式 0 时，接收完第 8 位数据后，该位由硬件置 1。在其他方式下，当接收到停止位时，该位由硬件置位。因此 RI=1，表示帧接收结束。其状态既可供软件查询使用，也可以请求中断。RI 位由软件清 0。

（3）电源控制寄存器 PCON

PCON	D7	D6	D5	D4	D3	D2	D1	D0
位名称	SMOD	—	—	—	GF1	GF0	PD	IDL

电源控制寄存器 PCON 中 SMOD 位可影响串行口的波特率。SMOD=1，串行口波特率加倍。PCON 寄存器不能进行位寻址。在 PCON 中只有 SMOD 这一个位与串口有关。

另外还有中断允许寄存器 IE 中的 ES 位可选择串行口中断允许或禁止。

　　ES = 0，禁止串行口中断

　　ES = 1，允许串行口中断

温馨提示

接收/发送数据，无论是否采用中断方式工作，每接收/发送一个数据都必须用指令对 RI/TI 清 0，以备下一次收/发。

8.1.3 MCS-51 串行通信工作方式及应用

（1）串行工作方式 0

在方式 0 中，串行口为同步移位寄存器方式，波特率固定为晶振 $f/12$。该方式主要用于 I/O 口扩展等，方式 0 传送数据时，串行数据由 RXD（P3.0）端输入或输出，而 TXD（P3.1）此时仅作为同步移位脉冲发生器发出移位脉冲。串行数据的发送和接收以 8 位为一帧，不设起始位和停止位，其格式如下：

D0	D1	D2	D3	D4	D5	D6	D7

方式 0 可将串行输入输出数据转换成并行输入输出数据。

① 数据发送。串行口作为并行输出口使用时，要有"串入并出"的移位寄存器配合，如图 8-9 中的 74HCl64 串入并出移位寄存器。

图 8-9 中，在移位时钟脉冲（TXD）的控制下，数据从串行口 RXD 端逐位移入 74HC164 SA、SB 端。当 8 位数据全部移出后，SCON 寄存器的 TI 位被自动置 1。其后 74HC164 的内容即可并行输出。74HC164 CLR 为清 0 端，正常移位过程中 CLR 必须为 1，否则 74HC164 Q0～Q7 输出为 0。

② 数据接收。串行口作为并行输入口使用时，要有"并入串出"的移位寄存器配合，如图 8-10 中的 74HCl65。

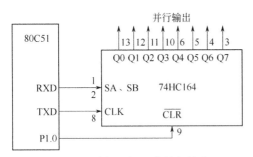

图 8-9 串行口扩展为并行输出口

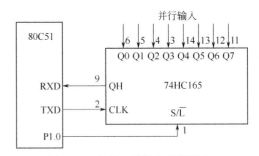

图 8-10 串行口扩展为并行输入口

图 8-10 中，74HC165 S/L 端为移位/置入端，当 S/L=0 时，从 Q0～Q7 并行置入数据，当 S/L=1 时，允许从 QH 端移出数据。在 80C51 串行控制寄存器 SCON 中的 REN=1 时，TXD 端发出移位时钟脉冲，从 RXD 端串行输入 8 位数据。当接收到第 8 位数据 D7 后，置位中断标志 RI，表示一帧数据接收完成。

③ 波特率。方式 0 波特率固定，为单片机晶振频率的十二分之一。即一个机器周期进行一次移位。

（2）串行工作方式 1

方式 1 是一帧 10 位的异步串行通信方式，包括 1 个起始位，8 个数据位和一个停止位。其帧格式为：

起始	D0	D1	D2	D3	D4	D5	D6	D7	停止

① 数据发送。发送时只要将数据写入 SBUF，在串行口由硬件自动加入起始位和停止

位，构成一个完整的帧格式。然后在移位脉冲的作用下，由 TXD 端串行输出。一帧数据发送完毕，将 SCON 中的 TI 置 1。

② 数据接收。接收时，在 REN=1 前提下，当采样到 RXD 从 1 向 0 跳变状态时，就认定为已接收到起始位。随后在移位脉冲的控制下，将串行接收数据移入 SBUF 中。一帧数据接收完毕，将 SCON 中的 RI 置 1，表示可以从 SBUF 取走接收到的一个字符。

③ 波特率。方式 1 波特率可变，由定时/计数器 T1 的计数溢出率来决定。

$$波特率 = 2^{SMOD} \times (T1溢出率)/32$$

其中 SMOD 为 PCON 寄存器中最高位的值，SMOD=1 表示波特率倍增。

在实际应用时，通常是先确定波特率，后根据波特率求 T1 定时初值，因此上式又可写为：

$$T1_{初值} = 256 - \frac{2^{SMOD}}{32} \times \frac{f_{osc}}{12 \times 波特率}$$

当定时/计数器 T1 用作波特率发生器时，通常选用定时初值自动重装的工作方式 2，其计数结构为 8 位。

> **温馨提示**
>
> 不要把定时/计数器的工作方式与串行口的工作方式搞混淆了。

【例 8-1】 设甲乙两机以串行方式 1 进行数据传送，甲机发送，乙机接收，已知 fosc=11.0592MHz，波特率为 1200b/s。

解：串行方式 1 波特率取决于 T1 溢出率（设 SMOD = 0），计算 T1 定时初值：

$$T1_{初值} = 256 - \frac{2^0}{32} \times \frac{11059200}{12 \times 1200} = 232 = E8H$$

甲机发送初始化：

```
TMOD=0X20      ;置 T1 定时器工作方式 2
TL1=0XE8       ;置 T1 计数初值
TH1=0XE8       ;置 T1 计数重装值
ET1=0;         ;禁止 T1 中断
TR1=1          ;T1 启动
SCON=0X40      ;置串行方式 1,禁止接收
PCON=0X00      ;置 SMOD=0(SMOD 不能位操作)
ES=0           ;禁止串行中断
```

乙机接收初始化：

```
TMOD=0X20;     ;置 T1 定时器工作方式 2
TL1=0XE8       ;置 T1 计数初值
TH1=0XE8       ;置 T1 计数重装值
ET1=0;         ;禁止 T1 中断
TR1=1          ;T1 启动
SCON=0X40      ;置串行方式 1,禁止接收
PCON=0X00;     ;置 SMOD=0(SMOD 不能位操作)
ES=0           ;禁止串行中断
REN=1          ;启动接收
```

（3）串行工作方式 2

方式 2 是一帧 11 位的串行通信方式，即 1 个起始位，8 个数据位，1 个可编程位 TB8/RB8 和 1 个停止位，其帧格式为：

起始	D0	D1	D2	D3	D4	D5	D6	D7	TB8/RB8	停止

可编程位 TB8/RB8 既可作奇偶校验位用，也可作控制位（多机通信）用，其功能由用户确定。

数据发送和接收与方式 1 基本相同，区别在于方式 2 把发送/接收到的第 9 位内容送入 TB8/RB8。

波特率：方式 2 波特率固定，即 $f_{osc}/32$ 和 $f_{osc}/64$。如用公式表示则为：

$$波特率 = 2^{SMOD} \times f_{osc}/64$$

当 SMOD=0 时，波特率 $= 2^0 \times f_{osc}/64 = f_{osc}/64$

当 SMOD=1 时，波特率 $= 2^1 \times f_{osc}/64 = f_{osc}/32$

（4）串行工作方式 3

方式 3 同样是一帧 11 位的串行通信方式，其通信过程与方式 2 完全相同，所不同的仅在于波特率。方式 2 的波特率只有固定的两种，而方式 3 的波特率则与方式 1 相同，即通过设置 T1 的初值来设定波特率。

（5）串行口四种工作方式的比较

四种工作方式的区别主要表现在帧格式及波特率两个方面，如表 8-5 所示。

表 8-5 MCS-51 串行口工作方式比较

工作方式	帧格式	波特率
方式 0	8 位全是数据位，没有起始位、停止位	固定，即每个机器周期传送一位数据
方式 1	10 位，其中 1 位起始位，8 位数据位，1 位停止位	不固定，取决于 T1 溢出率和 SMOD
方式 2	11 位，其中 1 位起始位，9 位数据位，1 位停止位	固定，即 $2^{SMOD} \times f_{osc}/64$
方式 3	同方式 2	同方式 1

（6）常用波特率及其产生条件

常用波特率通常按规范取 1200、2400、4800、9600、…，若采用晶振 12MHz 和 6MHz，则计算得出的 T1 定时初值将不是一个整数，产生波特率误差而影响串行通信的同步性能。解决的方法只有调整单片机的时钟频率 f_{osc}，通常采用 11.0592MHz 晶振。

表 8-6 给出了串行方式 1 或方式 3 时常用波特率及其产生条件（f_{osc}，通常采用 11.0592MHz）

表 8-6 常用波特率

串口工作方式	波特率/（bit/s）	SMOD	T1 方式 2 定时初值
方式 1 或方式 3	1200	0	E8H
方式 1 或方式 3	2400	0	F4H
方式 1 或方式 3	4800	0	FAH
方式 1 或方式 3	9600	0	FDH
方式 1 或方式 3	19200	1	FDH

思考与练习

【实战提高】

以图 8-1 设计电路为依据（可直接在任务 8.1 所在目录下打开设计电路文件"proj15DSN"），图中上位机包含矩阵键盘，下位机主要用于时间显示，上位机在键盘上输入"A"后下位机的小时位闪烁并可接收上位机发来的 2 位有效的小时数据（00～23），可连续多次修改小时数据，直到按下"D"键退出小时的修改设置；同理上位机在键盘上输入"B"后下位机的分位闪烁并可接收上位机发来的 2 位有效的分钟数据（00～59），可连续多次修改分数据，直到按下"D"键退出分的修改设置；同样的上位机在键盘上输入"C"后下位机的秒位闪烁并可接收上位机发来的 2 位有效的秒数据（00～59），可连续多次修改秒数据，直到按下"D"键退出分的修改设置。请编写程序、编译和仿真运行。

【巩固复习】

（1）填空题

① 串行 I/O 接口具有的特点是（　　　　　　　　　　　　　　　　　　　）。

② 设 51 单片机的串行口工作于方式 1，起始位和停止位各 1 位，已知波特率为 2400，则每秒最多能传送（　　　）字节数据。

③ MCS-51 单片机的串行口有（　　　）种工作方式。

④ 单片机串行口工作在方式 1，晶振为 11.0592MHz，波特率为 4800，则定时器的时间常数 TH1=（　　　），TL1=（　　　）。

⑤ 串行口的发送数据是（　　　），接收数据端是（　　　）。

（2）选择题

① 串行口是单片机的（　　　）。
　　A．内部资源　　　B．外部资源　　　C．输入设备　　　D．输出设备

② MCS-51 系列单片机的串行口是（　　　）。
　　A．单工　　　　　B．全双工　　　　C．半双工　　　　D．并行口

③ 表示串行数据传输速度的指标为（　　　）。
　　A．USART　　　　B．UART　　　　　C．字符帧　　　　D．波特率

④ 单片机和 PC 接口时，往往要采用 RS-232 接口，其主要作用是（　　　）。
　　A．提高传输距离　　　　　　　　　B．提高传输速度
　　C．进行电平转换　　　　　　　　　D．提高驱动能力

⑤ 单片机输出信号为（　　　）。
　　A．RS-232C　　　B．TTL　　　　　C．RS-449　　　　D．RS-232

⑥ 串行口在方式 0 时，串行数据从（　　　）输入或输出。
　　A．RL　　　　　　B．TXD　　　　　C．RXD　　　　　D．REN

⑦ 串行口的控制寄存器为（　　　）。
　　A．SMOD　　　　B．SCON　　　　　C．SBUF　　　　　D．PCON

⑧ 当采用中断方式进行串行数据的发送时，发送完一帧数据后，TI 标志要（　　　）。
　　A．自动清零　　　B．硬件清零　　　C．软件清零　　　D．软、硬件均可

⑨ 当采用定时器 1 作为串行口波特率发生器使用时，通常定时器工作在方式（　　　）。

A．0　　　　　　B．1　　　　　　C．2　　　　　　D．3

⑩ 当设置串行口工作为方式 2 时，采用（　　）指令。

A．SCON=0x80　　B．PCON=0x80　　C．SCON=0x10　　D．PCON=0x10

⑪ 串行口工作在方式 0 时，其波特率（　　）。

A．取决于定时器 1 的溢出率

B．取决于 PCON 中的 SMOD 位

C．取决于时钟频率

D．取决于 PCON 中的 SMOD 位和定时器 1 的溢出率

⑫ 串行口工作在方式 1 时，其波特率（　　）。

A．取决于定时器 1 的溢出率

B．取决于 PCON 中的 SMOD 位

C．取决于时钟频率

D．取决于 PCON 中的 SMOD 位和定时器 1 的溢出率

【考核与评价】

评价项目	评价内容	分值	自我评价	小组评价	教师评价	得分
技能目标	① 会编写 51 单片机串行口初始化程序； ② 会编写 51 单片机串行口发送与接收程序	15 25				
知识目标	① 能领会串行口的工作特点及波特率的含义； ② 能领会 51 单片机串行口的工作方式	10 10				
情感态度	① 出勤情况； ② 纪律表现； ③ 作业情况； ④ 团队意识	5 5 20 10				
总分		100				

Proteus 设计与仿真平台的使用

Proteus 是英国 Labcenter electronics 公司研发的多功能 EDA 软件,它运行于 Windows 操作系统上,能够实现原理图设计、电路仿真到 PCB 设计的一站式作业,真正实现了电路仿真软件、PCB 设计软件和虚拟模型仿真软件的三合一。

尤其是它具有功能很强的 ISIS 智能原理图输入系统,有非常友好的人机互动窗口界面,有丰富的操作菜单与工具。在 ISIS 编辑区中,能方便地完成单片机系统的硬件设计、软件设计、单片机源代码级调试与仿真。

Proteus 有三十多个元器件库,拥有数千种元器件仿真模型;有形象生动的动态器件库、外设库,特别是有从 8051 系列 8 位单片机直至 ARM7 32 位单片机的多种单片机类型库。支持的单片机类型有:68000 系列、8051 系列、AVR 系列、PIC12 系列、PIC16 系列、PIC18 系列、Z80 系列、HC11 系列以及各种外围芯片。它们是单片机系统设计与仿真的基础。

Proteus 有多达十余种的信号激励源,十余种虚拟仪器(如示波器、逻辑分析仪、信号发生器等);可提供软件调试功能,即具有模拟电路仿真、数字电路仿真、单片机及其外围电路组成的系统的仿真、RS232 动态仿真、I2C 调试器、SPI 调试器、键盘和 LCD 系统仿真的功能;还有用来精确测量与分析的 Proteus 高级图表仿真(ASF)。它们构成了单片机系统设计与仿真的完整的虚拟实验室。Proteus 同时支持第三方的软件编译和调试环境,如 Keil C51 uVision2 等软件。

Proteus 还有使用极方便的印刷电路板高级布线编辑软件(PCB)。特别指出,Proteus 库中数千种仿真模型是依据生产企业提供的数据来建模的。因此,Proteus 设计与仿真极其接近实际。目前,Proteus 已成为流行的单片机系统设计与仿真平台,应用于各种领域。

实践证明:Proteus 是单片机应用产品研发过程中灵活、高效、正确的设计与仿真平台,它明显提高了研发效率、缩短了研发周期,节约了研发成本。

Proteus 的问世,刷新了单片机应用产品的研发过程。

(1)单片机应用产品的传统开发

单片机应用产品的传统开发过程一般可分为三步:

① 单片机系统原理图设计,选择、购买元器件和接插件,安装和电气检测等(简称硬件设计);

② 进行单片机系统程序设计,调试、汇编编译等(简称软件设计);

③ 单片机系统在线调试、检测,实时运行直至完成(简称单片机系统综合调试)。

(2)单片机应用产品的 Proteus 开发

① 在 Proteus 平台上进行单片机系统电路设计、选择元器件、接插件、连接电路和电气

检测等（简称 Proteus 电路设计）；

② 在 Proteus 平台上进行单片机系统源程序设计、编辑、汇编编译、调试，最后生成目标代码文件（*.hex）（简称 Proteus 软件设计）；

③ 在 Proteus 平台上将目标代码文件加载到单片机系统中，并实现单片机系统的实时交互、协同仿真（简称 Proteus 仿真）；

④ 仿真正确后，制作、安装实际单片机系统电路，并将目标代码文件（*.hex）下载到实际单片机中运行、调试。若出现问题，可与 Proteus 设计与仿真相互配合调试，直至运行成功（简称实际产品安装、运行与调试）。

对于初次接触 Proteus 软件的人来说，如果一开始就单独介绍 Proteus 的各项功能的详细使用，让大家看得晕头转向，这未免太枯燥无味了。本教程将通过任务实践的方式带领大家认识和了解 Proteus，并掌握 Proteus 的使用。

任务实践：制作跑马灯

在本书项目一的任务三中，编写了跑马灯程序。现在来看一下如何利用 Proteus ISIS 来制作仿真电路，并配合单片机程序进行电路的仿真运行与调试。

（1）进入 Proteus ISIS

双击桌面上的 ISIS 7 Professional 图标或者单击屏幕左下方的"开始"→"所有程序"→"Proteus 7 Professional"→"ISIS 7 Professional"，进入 Proteus ISIS 工作环境，如图 A-1 所示。

图 A-1　PROTEUS 启动画面

（2）工作界面

Proteus ISIS 的工作界面是一种标准的 Windows 界面，包括：屏幕上方的标题栏、菜单栏、标准工具栏，屏幕左侧的绘图工具栏、对象选择按钮、预览对象方位控制按钮、仿真进程控制按钮、预览窗口、对象选择器窗口，屏幕下方的状态栏，屏幕中间的图形编辑窗口，如图 A-2 所示。

（3）电路图绘制

电路的核心是单片机 AT89C52，晶振 X1 和电容 C1、C2 构成单片机时钟电路，单片机的 P1 口接 8 个发光二极管，二极管的阳极通过限流电阻接到电源的正极。如图 A-3 所示。

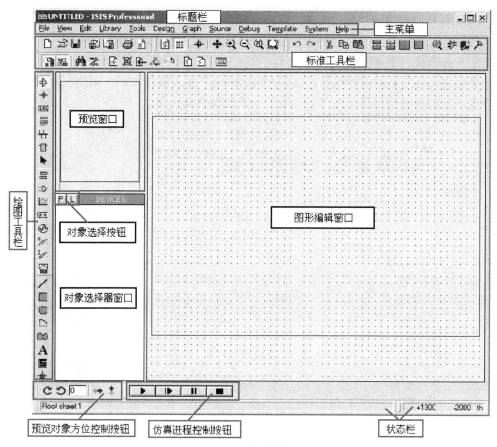

图 A-2 编辑画面

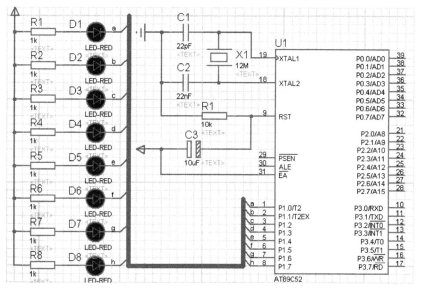

图 A-3 绘制电路图

① 将需要用到的元器件加载到对象选择器窗口。单击对象选择器按钮 P 如图所示：

弹出"Pick Devices"对话框,在"Category"下面找到"Mircoprocessor ICs"选项,鼠标左键点击一下,在对话框的右侧,会发现这里有大量常见的各种型号的单片机。找到 AT89C52,双击"AT89C52"。这样在左侧的对象选择器就有了 AT89C52 这个元件了。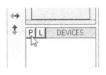

如果知道元件的名称或者型号可以在"Keywords"输入 AT89C52,系统在对象库中进行搜索查找,并将搜索结果显示在"Results"中,如图 A-4 所示。

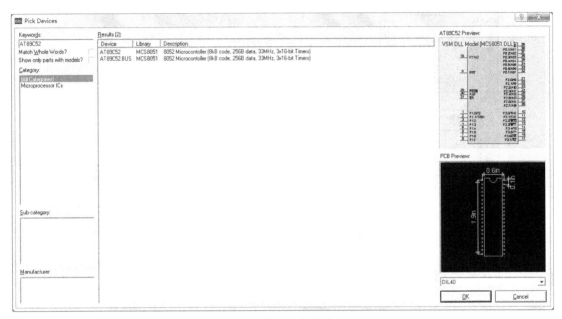

图 A-4　输入关键词查找器件 AT89C52

在"Results"的列表中,双击"AT89C52"即可将 AT89C52 加载到对象选择器窗口内。

接着在"Keywords"中输入 CRY,在"Results"的列表中,双击"CRYSTAL"将晶振加载到对象选择器窗口内,如图 A-5 所示。

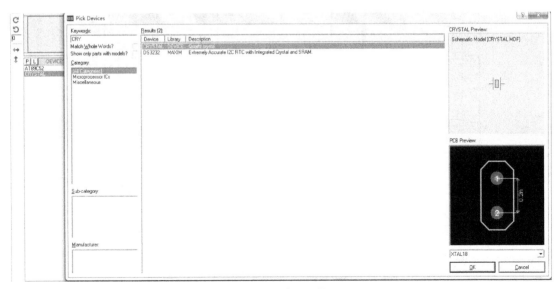

图 A-5　输入关键词查找器件 CRYSTAL

经过前面的操作已经将 AT98C52、晶振加载到了对象选择器窗口内，现在还缺 CAP(电容)、CAP POL(极性电容)、LED-RED(红色发光二极管)、RES(电阻)，我们只要依次在"Keywords"中输入 CAP、CAP POL、LED-RED、RES，在"Results"的列表中，把需要用到的元件加载到对象选择器窗口内即可。

在对象选择器窗口内鼠标左键点击"AT89C52"会发现在预览窗口看到 AT89C52 的实物图，且绘图工具栏中的元器件按钮 处于选中状态。点击"CRYSTAL"、"LED-RED"也能看到对应的实物图，按钮也处于选中状态，如图 A-6 所示。

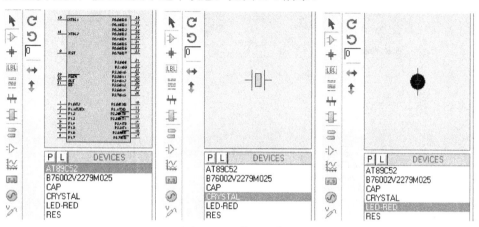

图 A-6　器件预览窗口

② 将元器件放置到图形编辑窗口。

在对象选择器窗口内，选中 AT89C52，如果元器件的方向不符合要求可使用预览对象方向控制按钮进行操作。如用按钮 C 对元器件进行顺时针旋转，用按钮 ⊃ 对元器件进行逆时针旋转，用 ↔ 按钮对元器件进行左右反转，用按钮 ↕ 对元器件进行上下反转。元器件方向符合要求后，将鼠标置于图形编辑窗口元器件需要放置的位置，单击鼠标左键，出现紫红色的元器件轮廓符号(此时还可对元器件的放置位置进行调整)。再单击鼠标左键，元器件被完全放置(放置元器件后，如还需调整方向，可使用鼠标左键，单击需要调整的元器件，再单击鼠标右键菜单进行调整)。同理将晶振、电容、电阻、发光二极管放置到图形编辑窗口，如图 A-7 所示。

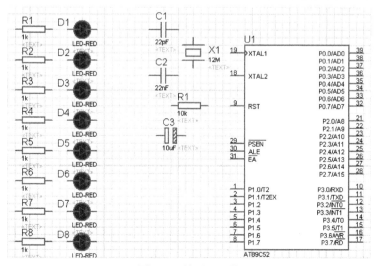

图 A-7　放置元器件

图中已将元器件编好了号，并修改了参数。修改的方法是：在图形编辑窗口中，双击元器件，在弹出的"Edit Component"对话框中进行修改。现在以电阻为例进行说明，如图 A-8 所示。

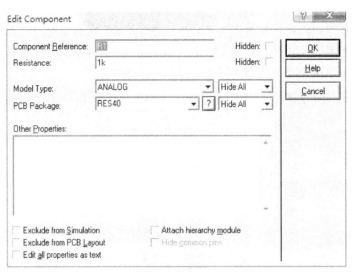

图 A-8　器件编辑

把"Component Reference"中的 R?改为 R1，把"Resistance"中的 10k 改为 1k。修改好后点击 OK 按钮，这时编辑窗口就有了一个编号为 R1，阻值为 1k 的电阻了。大家只需重复以上步骤就可对其他元器件的参数进行了，只是大同小异罢了。

由于电阻 R1～R8 的型号均相同，因此可利用复制功能进行绘制。将鼠标移到 R1，单击鼠标左键，选中 R1，在标准工具栏中，单击复制按钮，拖动鼠标，按下鼠标左键，将对象复制到新位置，如此反复，直到按下 ESC 键或单击鼠标右键，结束复制。元件的序号会自动按顺序增加。

③ 元器件与元器件的电气连接。

Proteus 具有自动连线功能（Wire Auto Router），当鼠标移动至连接点时，鼠标指针处出现一个虚线框，如图 A-9 所示。

单击鼠标左键，移动鼠标至 LED-RED 的阳极，出现虚线框时，单击鼠标左键完成连线，如图 A-9 所示。

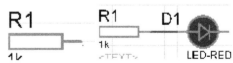

图 A-9　自动连线功能

同理，可以完成其他连线。在此过程中，都可以按下 ESC 键或者单击鼠标右键放弃连线。

④ 放置电源端子。

单击绘图工具栏的 按钮，使之处于选中状态。点击选中"POWER"，放置两个电源端子；点击选中"GROUND"，放置一个接地端子。放置好后完成连线，如图 A-10 所示。

⑤ 在编辑窗口绘制总线。

单击绘图工具栏的 按钮，使之处于选中状态。将鼠标置于图形编辑窗口，单击鼠标左键，确定总线的起始位置；移动鼠标，屏幕出现一条蓝色的粗线，选择总线的终点位置，双击鼠标左键，这样一条总线就绘制好了，如图 A-11 所示。

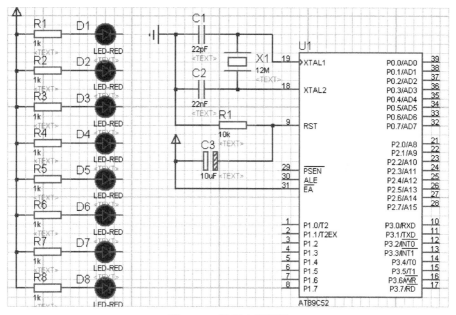

图 A-10　放置电源端子

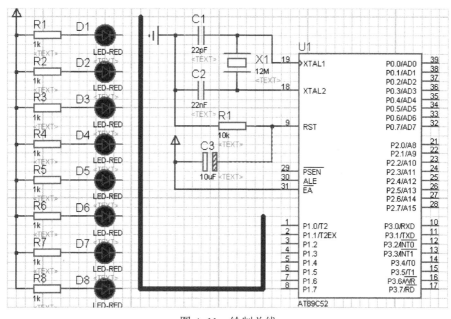

图 A-11　绘制总线

⑥ 元器件与总线的连线。

绘制与总线连接导线的时候为了和一般的导线区分，一般喜欢画斜线来表示分支线。此时我们需要自己决定走线路径，只需在想要拐点处单击鼠标左键即可。在绘制斜线时我们需要关闭自动线路功能（Wire Auto Router）。可通过使用工具栏里的 WAR 命令按钮 关闭。绘制完后的效果如图 A-12 所示。

⑦ 放置网络标号。

单击绘图工具栏的网络标号按钮 使之处于选中状态。将鼠标置于欲放置网络标号的导线上，这时会出现一个"×"，表明该导线可以放置网络标号。单击鼠标左键，弹出"Edit Wire

Label"对话框,在"String"输入网络标号名称(如 a),单击 OK 按钮,完成该导线的网络标号的放置。同理,可以放置其他导线的标号。注意:在放置导线网络标号的过程中,相互接通的导线必须标注相同的标号,如图 A-13 所示。

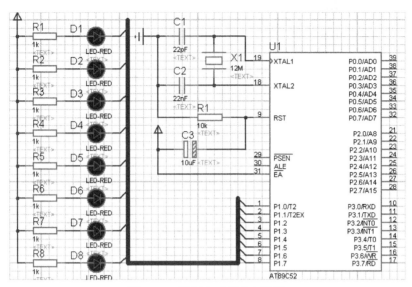

图 A-12 绘制完成后的电路图

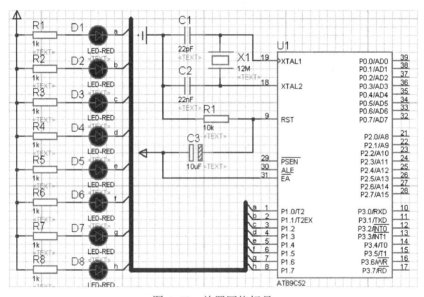

图 A-13 放置网络标号

至此,便完成了整个电路图的绘制。

(4)电路调试

在进行电路调试前需要设计和编译程序,并加载编译好的程序。

① 编辑、编译程序。通过前面章节的介绍,可以利用 Medwin 这个 IDE 软件来编写程序,并通过编译成功后生成了 P3.HEX 文件,如图 A-14 所示。

② 加载程序。选中单片机 AT89C52,鼠标左键点击 AT89C52,弹出一个对话框,如图 A-15 所示。

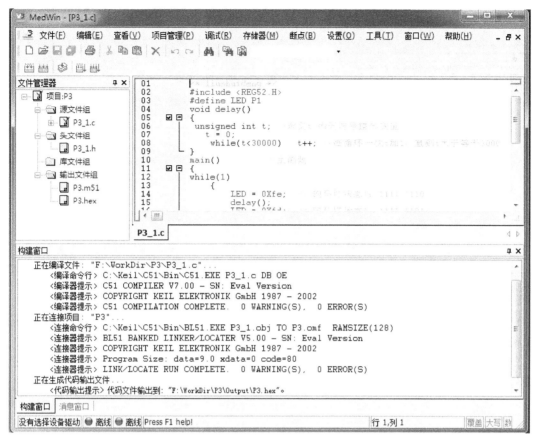

图 A-14　编译程序

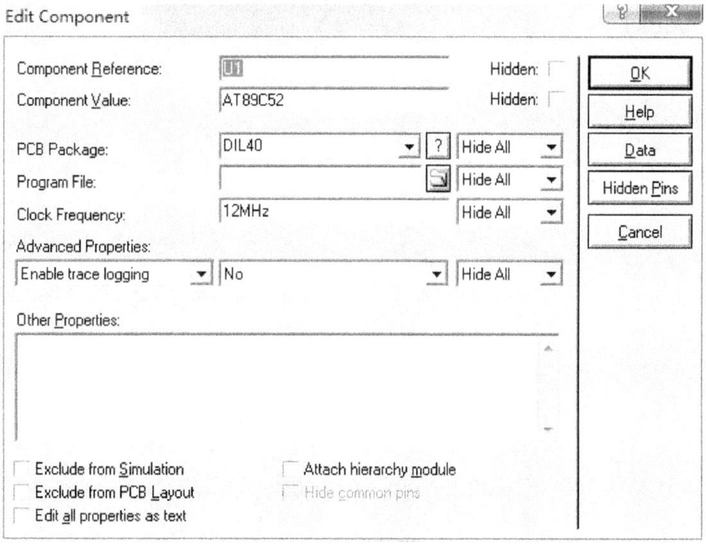

图 A-15　加载 HEX 文件

在弹出的对话框里点击"Program File"的 按钮，找到刚才编译得到的 P3.HEX 文件并打开，然后点击 OK 按钮就可以模拟了。点击调试控制按钮的运行按钮 ，进入调试状态。这时能清楚地看到每一个引脚电平的变化。红色代表高电平，蓝色代表低电平。

进入调试状态后,出现了错误提示,如图 A-16 所示。

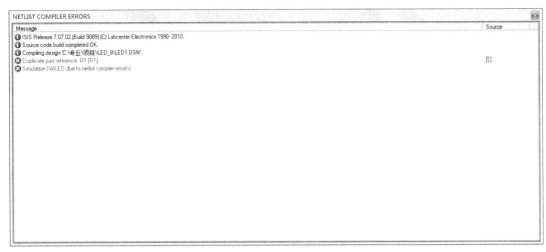

图 A-16 出错信息提示

出现此错误提示的原因是:电路图中有两个电阻的编号都是 R1。只需要把其中一个改为 R9 就行了。

重新运行后,这时能清楚地看到每一个引脚电平的变化。红色代表高电平,蓝色代表低电平。八个发光二极管在程序的控制下轮流点亮。

单片机实验板电路介绍

在学习单片机的过程中，需要多动脑、多动手。除了前面介绍的仿真电路的应用，最好有一块单片机实验电路板。单片机是实实在在的硬件，只有在不断实践中才能领悟它的工作原理。通过不断观察、总结，相信一定能学好单片机。

在这里，介绍一款由笔者自制的单片机实验电路板，如图 B-1 所示。

图 B-1　单片机实验电路板

单片机实验电路板中的主芯片采用的单片机是 STC89C55D+。该实验板支持 USB 口和串行口两种 ISP 下载程序方式。主要配置如下：

① 8 位 LED 发光二极管；

② 8 位一体共阴数码管；

③ 1602 字符型液晶显示；

④ 4 个独立按键；

⑤ 4×4 矩阵键盘；

⑥ 4路开关输入；

⑦ 逻辑笔电路；

⑧ 74LS138译码器电路；

⑨ 直流电机控制及测速模块；

⑩ 555定时器模块；

⑪ 蜂鸣器模块；

⑫ 继电器模块；

⑬ MAX232芯片，RS-232通信接口（可作为与计算机通信的接口，同时也可作为STC单片机下载程序的接口）；

⑭ USB供电系统，实验时可以直接插到计算机的USB口即可提供电源，无需外接直流稳压电源；

⑮ 单片机32个I/O全部通过排针引出，方便用户自由扩展。

（1）MCU模块

MCU模块（图B-2）采用的单片机是STC公司生产的89C55RD+。该型号单片机的ROM容量达到了20KB。最小系统由按键上电复位电路和晶振时钟电路组成。此外，将单片机的P0、P1、P2、P3四个并行I/O端口都引出了排针，供用户根据实际需要自由扩展。

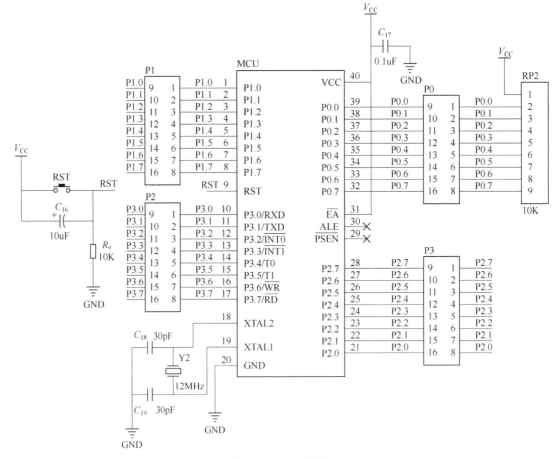

图B-2 MCU模块

（2）USB 供电及下载模块

实验电路板的供电可以通过计算机的 USB 端口通过电缆直接提供。同时该电路具有程序下载功能。如图 B-3 所示。

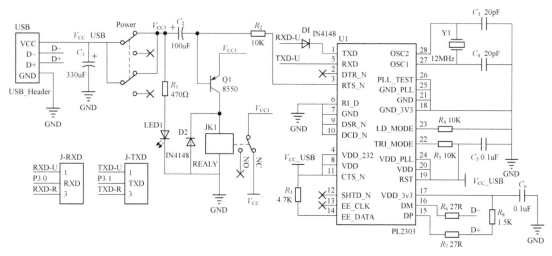

图 B-3　USB 供电及下载电路

下载的方式采用 ISP（在系统编程），可以使用下载软件直接将 HEX 文件下载到单片机的 ROM。下载画面如图 B-4 所示。

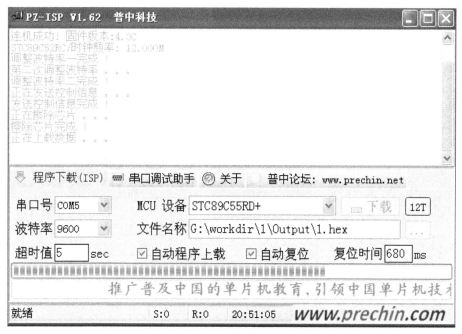

图 B-4　下载程序软件

（3）MAX232 串口通信电路及串口下载电路

本实验电路板还提供了通过 DB9 接口的串口下载程序的方式。同时还可以完成与计算机串行口的 RS-232 通信实验。如图 B-5 所示。

（4）发光二极管模块

见图 B-6。

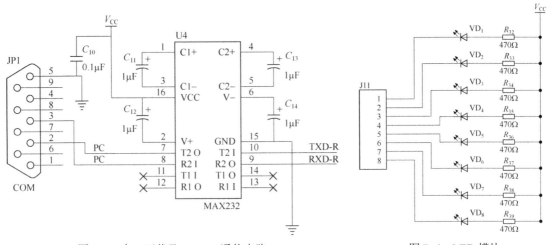

图 B-5　串口下载及 RS-232 通信电路

图 B-6　LED 模块

（5）数码管显示模块

见图 B-7。

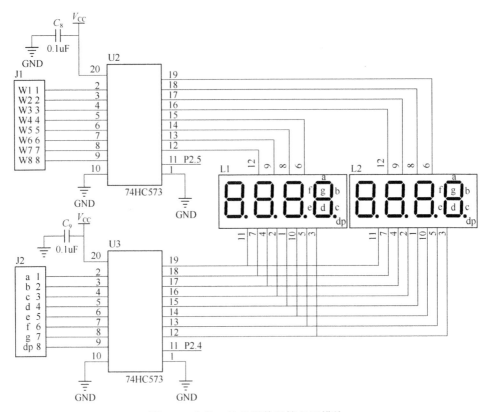

图 B-7　八位一体共阴数码管显示模块

（6）液晶显示模块

见图 B-8。

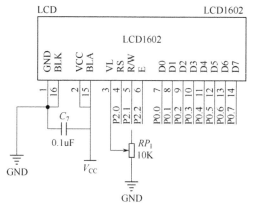

图 B-8 液晶显示模块

（7）开关和独立按键模块

见图 B-9。

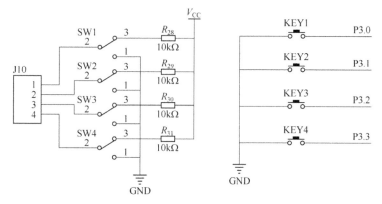

图 B-9 开关和独立按键模块

（8）矩阵键盘模块

见图 B-10。

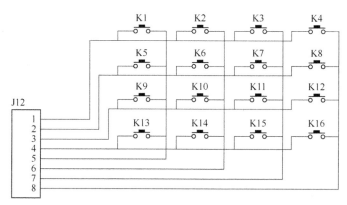

图 B-10 矩阵键盘模块

（9）蜂鸣器模块

见图 B-11。

（10）74LS138 译码器电路

见图 B-12。

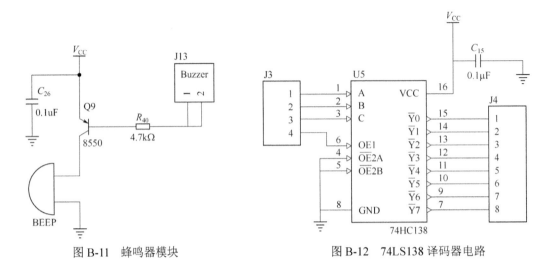

图 B-11　蜂鸣器模块　　　　　　图 B-12　74LS138 译码器电路

（11）继电器模块

见图 B-13。

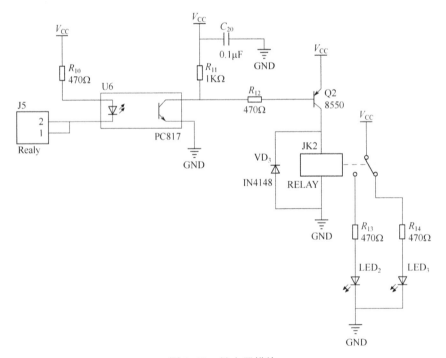

图 B-13　继电器模块

（12）555 多谐振荡器模块

见图 B-14。

(13) 逻辑笔模块

见图 B-15。

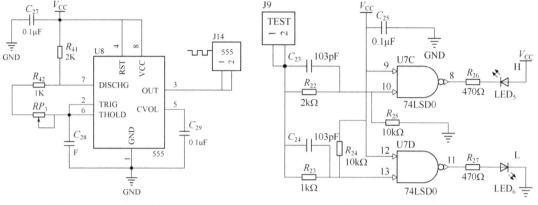

图 B-14 555 多谐振荡器模块　　　　图 B-15 逻辑笔模块

(14) 直流电机控制及测速模块

见图 B-16。

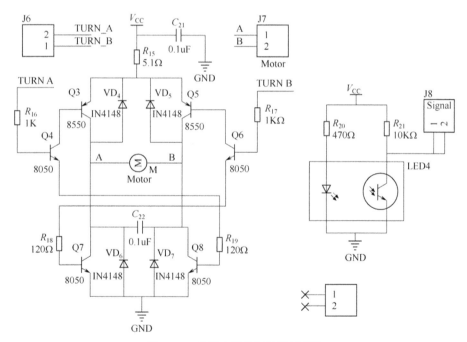

图 B-16 直流电机控制及测速模块

参 考 文 献

[1] 郭天祥. 51单片机C语言教程. 北京：电子工业出版社，2010.

[2] 郭速学. 图解单片机编程与应用. 北京：中国电力出版社，2013.

[3] 王静霞. 单片机应用技术（C语言版）. 北京：电子工业出版社，2009.

[4] 刘剑，刘奇穗. 51单片机开发与应用基础教程. 北京：中国电力出版社，2011.